高职高专教育“十三五”规划建设教材
高职高专畜牧兽医专业群“工学结合”系列教材建设

畜禽遗传育种

张登辉　主编

中国农业大学出版社
·北京·

内 容 简 介

本教材是以技术技能人才培养为目标，以畜牧专业畜禽改良及畜禽生产方面的岗位能力需求为导向，坚持适度、够用、实用及学生认知规律和同质化原则，以过程性知识为主、陈述性知识为辅；以实际应用知识和实践操作为主，依据教学内容的同质性和技术技能的相似性，将遗传的物质基础、遗传与变异的基本规律、畜禽选种选配、本品种选育、品种资源保护、杂种优势利用、杂交育种等知识和技能列出，进行归类和教学设计。其内容体系分为项目和任务二级结构，每一项目又设“学习目标”“学习内容”“学习要求”三个教学组织单元，并以任务的形式展开叙述，明确学生通过学习应达到的识记、理解和应用等方面的基本要求；有些项目的相关理论知识或实践技能，以知识拓展或知识链接等形式学习，为实现课程的教学目标和提高学生的学习效果奠定基础。

本教材文字精练，图文并茂，通俗易懂，现代职教特色鲜明，既可作为教师和学生开展“校企合作、工学结合”人才培养模式的特色教材，又可作为企业技术人员的培训教材，还可作为广大畜牧兽医工作者短期培训、技术服务和继续学习的参考用书。

图书在版编目(CIP)数据

畜禽遗传育种/张登辉主编. —北京：中国农业大学出版社，2015.8
ISBN 978-7-5655-1356-5

Ⅰ.①畜… Ⅱ.①张… Ⅲ.①畜禽育种—遗传育种—教材 Ⅳ.①S813

中国版本图书馆 CIP 数据核字(2015)第 181950 号

书　　名 畜禽遗传育种
作　　者 张登辉 主编

策划编辑 康昊婷 伍 斌　　**责任编辑** 田树君
封面设计 郑 川
出版发行 中国农业大学出版社
社　　址 北京市海淀区圆明园西路 2 号　　**邮政编码** 100193
电　　话 发行部 010-62731190，2620　　读者服务部 010-62732336
编辑部 010-62732617，2618　　出 版 部 010-62733440
网　　址 http://www.cau.edu.cn/caup　　**e-mail** cbsszs @ cau.edu.cn
经　　销 新华书店
印　　刷 北京时代华都印刷有限公司
版　　次 2015 年 8 月第 1 版　　2015 年 8 月第 1 次印刷
规　　格 787×1092　16 开本　11 印张　268 千字
定　　价 24.00 元

图书如有质量问题本社发行部负责调换

编审人员
CONTRIBUTORS

主　编　张登辉（甘肃畜牧工程职业技术学院）

副主编　王小建（南阳农业职业学院）

参　编　王玺年（甘肃畜牧工程职业技术学院）
吴孝杰（甘肃畜牧工程职业技术学院）
孙秀娟（黑龙江农垦科技职业学院）
王明奎（武威市亿家禾牧业有限责任公司）
杜建峰（宁夏晓鸣农牧股份有限公司）

审　稿　史兆国（甘肃农业大学动物科技学院）
李和国（甘肃畜牧工程职业技术学院）

前言 PREFACE

为了认真贯彻落实教职成[2011]11号《关于支持高等职业教育提升专业服务产业发展能力的通知》、教职成[2012]9号《关于"十二五"职业教育教材建设的若干意见》精神，切实做到专业设置与产业需求对接、课程内容与职业标准对接、教学过程与生产过程对接，自2011年以来，甘肃畜牧工程职业技术学院与甘肃荷斯坦奶牛繁育中心、宁夏晓鸣农牧股份有限公司、兰州正大有限公司和大北农集团等企业联合，积极开展现代职业教育"产教融合、校企合作、工学结合、知行合一"的人才培养模式研究。课题组在大量理论和实践探索的基础上，制定了畜牧兽医专业群畜牧专业"产教融合、校企合作"人才培养方案和专业课程教学标准；开发了畜牧兽医专业群畜牧专业职业岗位培训教材和相关教学资源库。其中，《畜牧专业基于"校企合作、工学结合"的人才培养模式研究》于2013年12月由中国农业职业教育研究会结题验收，项目成果达到国内畜牧专业同类研究领先水平；《畜牧专业基于"工作过程和职业标准"教学资源库建设研究》于2014年12月获得甘肃省教育厅教学成果奖。这些成果，一是完善了高职院校畜牧兽医专业群畜牧专业"产教融合、校企合作、工学结合、知行合一"人才培养机制；二是推进了专业课程在现场工作情景、模拟场景或仿真环境中的"工学结合"教学；三是锤炼了学生的就业能力和职业发展能力。为了充分发挥该项目成果的示范带动作用，甘肃畜牧工程职业技术学院委托中国农业大学出版社，依据国家教育部《高等职业学校专业教学标准(试行)》，以项目研究成果《畜牧专业基于"工学结合、校企合作"的职业岗位培训教材》为基础，组织学校专业教师和企业技术专家，并联系相关兄弟院校教师参与，编写了畜牧兽医专业群畜牧专业"工学结合"系列教材，期望为技术技能人才培养提供支撑。

本套教材专业基础课以技术技能人才培养为目标，以畜牧兽医专业群畜牧专业的岗位能力需求为导向，坚持适度、够用、实用及学生认知规律和同质化原则，以模块→项目→任务为主线，设"学习目标""学习内容""学习要求"三个教学组织单元，并以任务的形式展开叙述，明确学生通过学习应达到的识记、理解和应用等方面的基本要求。其中，识记是指学习后应当记住的内容，包括概念、原则、方法等，这是最低层次的要求；理解是指在识记的基础上，全面把握基本概念、基本原则、基本方法，并能以自己的语言阐述，能够说明与相关问题的区别及联系，这是较高层次的要求；应用是指能够运用所学的知识分析、解决涉及动物生产中的一般问题，包括简单应用和综合应用。有些项目的相关理论知识或实践技能，可通过扫描二维码、技能训练、知识拓展或知识链接等形式学习，为实现课程的教学目标和提高学生的学习效果奠定基础。

本套教材专业课以"职业岗位所遵循的行业标准和技术规范"为原则，以生产过程和岗位任务为主线，设计学习目标、学习内容、案例分析、知识拓展、考核评价和知识链接等教学组织单元，尽可能开展“教、学、做”一体化教学，以体现“教学内容职业化、能力训练岗位化、教学环境企业化”特色。

本套教材建设由甘肃畜牧工程职业技术学院杨孝列教授和李和国教授主持，其中杨孝列、郭全奎担任《畜牧基础》主编；余彦国担任《动物解剖生理》主编；杨孝列、刘瑞玲担任《动物营养与饲料》主编；张玲清担任《畜禽环境控制技术》主编；张登辉担任《畜禽遗传育种》主编；李来平、贾万臣担任《动物繁殖技术》主编；康程周担任《基础兽医》主编；王治仓担任《临床兽医》主编；黄爱芳、王选慧担任《动物防疫与检疫》主编；张慧玲担任《养殖企业经营管理》主编；李克广、郭全奎担任《饲料分析检测技术》主编；王璐菊、张延贵担任《养牛生产技术》主编；郭志明、杨孝列担任《养羊生产技术》主编；李和国、关红民担任《养猪生产技术》主编；郑万来、徐英担任《养禽生产技术》主编。本套教材内容渗透了畜牧、兽医、饲料等方面的行业标准和技术规范，文字精练，图文并茂，通俗易懂，并以微信二维码的形式，提供了丰富的教学信息资源，编写形式新颖、职教特色明显，既可作为教师和学生开展“校企合作、工学结合”人才培养模式的特色教材，又可作为企业技术人员的培训教材，还可作为广大畜牧兽医工作者短期培训、技术服务和继续学习的参考用书。

本教材由甘肃畜牧工程职业技术学院张登辉任主编。其中绪论部分和项目七由张登辉编写，项目一、项目二由吴孝杰编写，项目三由王小建编写，项目四由孙秀娟编写，项目五由王玺年编写，项目六由王明奎编写，全书由张登辉统稿。企业专家杜建峰提供了选种、选配、品系繁育等资料，甘肃农业大学动物科技学院史兆国教授、甘肃畜牧工程职业技术学院李和国教授审稿，对书稿提出了许多宝贵意见和建议，提高了本教材的质量，在此一并深表谢意。

由于编者初次尝试“专业群”系列教材开发，时间仓促，水平有限，书中错误和不妥之处在所难免，敬请同行专家批评指正。

编写组
2015 年 5 月 26 日

目录 CONTENTS

绪论

一、课程简介

“畜禽遗传育种”是从事畜禽生产工作人员需要学习和掌握的基本知识和基本理论，是推动畜禽生产不断发展的重要理论基础和技术指南，是畜牧兽医专业重要的专业基础课，它包括畜禽遗传基础、畜禽选种选配、畜禽品种资源及保护、品种与品系培育等内容。

畜禽遗传基础主要阐明畜禽遗传的物质基础、遗传与变异的基本规律。从动物细胞的基本结构入手，认识染色体、遗传物质(DNA和RNA)及基因，从高等动物细胞分裂(有丝分裂和减数分裂)入手，认识动物配子发生及生活史。通过遗传与变异基本规律，揭示畜禽性状遗传的规律，引起变异的遗传、环境因素，为改进与提高畜禽种质提供理论依据和方法指南。

畜禽育种从选种选配、本品种选育、品种资源保护、杂种优势利用、杂交育种、品系繁育等方面认识和掌握如何选择理想种畜、培育具有优良基因型的畜禽或产生杂种优势、建立良种繁育体系、品种资源的开发利用和保护。畜禽种质在现代畜禽生产中起着重要的作用，种质优劣是决定生产效率和生产潜力的关键因素，提高畜禽生产效率，培育及合理应用优良品种是物质基础。

进入21世纪，我国畜牧业作为农业的重要支柱产业取得了长足发展，在畜牧业快速发展的历程中，畜禽优良品种的培育、引进、改良与推广起了重要作用。学习畜禽遗传育种的最终目的是为现代养殖业提供优良种畜，以保证畜群生产力的提高；通过育种改变畜禽的生产方向，如将粗毛羊改良为细毛羊，土种牛改良为肉牛或奶牛，地方猪种改良为瘦肉型猪等，从而使生产的畜禽产品更符合人们的需求；充分利用杂种优势，不断提高畜禽产品的数量和质量；通过育种培育出遗传基础、体格大小、生长速度整齐划一的畜禽品种(品系)，以适应工厂化生产的工艺流程。

二、课程性质

“畜禽遗传育种”是畜牧兽医及其相关专业的基础课，具有较强的理论性和实践性。一方面，它将畜禽遗传育种生产实用技术有机融合，基于畜牧兽医专业的职业活动、应职岗位需求，培养学生畜禽优良品种培育、引种、改良与推广等专业能力，同时注重学生职业素质的培养。另一方面，作为后续课程的基础，它所阐述的基本原理与方法具有更多的一般指导意义，能为后续专业课程的学习和毕业后从事畜牧兽医工作奠定扎实的理论基础。

三、课程内容

本课程内容编写是以技术技能人才培养为目标，以畜牧兽医专业畜禽改良及畜禽生产方面的岗位能力需求为导向，坚持适度、够用、实用及学生认知规律和同质化原则，以过程性知识为主、陈述性知识为辅。

本课程内容排序尽量按照学习过程中学生认知心理顺序，与专业所对应的典型职业工作顺序，或对实际的多个职业工作过程来序化知识，将陈述性知识与过程性知识整合、理论知识与实践知识整合，意味着适度、够用、实用的陈述性知识总量没有变化，而是这类知识在课程中的排序方式发生了变化，课程内容不再是静态的学科体系的显性理论知识的复制与再现，而是着眼于动态的行动体系的隐性知识生成与构建，更符合职业教育课程开发的全新理念。

本课程内容以实际应用知识和实践操作为主，删去了实践中应用性不强的理论知识，将畜禽种质改良的相关知识和关键技能列出，依据教学内容的同质性和技术技能的相似性，进行归类和教学设计，划分七个项目，即：

项目一　畜禽遗传的物质基础

项目二　畜禽遗传的基本规律

项目三　畜禽选种

项目四　畜禽选配

项目五　畜禽品种资源及保护

项目六　畜禽品种与品系的培育

项目七　畜禽杂交与杂种优势利用

每一项目又设“学习目标”“学习内容”“学习要求”三个教学组织单元，并以任务的形式展开叙述，明确学生通过学习应达到的识记、理解和应用等方面的基本要求；有些项目的相关理论知识或实践技能，可通过知识拓展或知识链接等形式学习。

四、课程目标

掌握动物遗传育种的基本知识，能够：

(1)分析畜牧业生产中简单的遗传现象并能利用伴性遗传原理开展雏鸡的性别鉴定。

(2)能够根据畜禽品种标准对畜禽体质外貌进行评分鉴定。

(3)根据种畜系谱资料对畜禽进行系谱测定。

(4)运用保种原理与技术，设计某地方良种的保种方案。

(5)能够利用杂交试验结果开展杂种优势分析及配合力测定。

(6)能够图例各类经济杂交及杂交育种方法。

Project 1

畜禽遗传的物质基础

学习目标

在了解细胞结构的基础上，掌握染色体的形态结构特征，理解有丝分裂和减数分裂过程中染色体的动态变化。

【学习内容】

任务一　细胞的基本结构与染色体

一、细胞的基本结构

生物界除了最低等生物病毒和立克次氏体外，一切生物都是由细胞构成的。生物的一切生命活动都是在细胞中进行，以细胞为单位实现的，因而细胞是生物体的基本结构和功能单位。

细胞按照细胞核的结构差异，分为原核细胞和真核细胞两大类。原核细胞是一类结构简单的原始细胞，没有核膜和核仁，如细菌、蓝藻等。真核细胞由细胞膜、细胞质、细胞核三大部分构成。

1. 细胞膜

细胞被一层极薄的膜包围着，它是一切细胞不可缺少的表面结构，这层包裹着整个细胞原生质的膜称为细胞膜，即质膜。它是一种起限制、保护和包围内容物作用的半透性的膜，它使细胞成为具有一定形态结构的单位，细胞膜由蛋白质、脂质和少量糖蛋白所组成，具有选择性地进行物质运输、保持体液平衡、进行能量转化、免疫反应和免疫识别等功能。

2. 细胞质

细胞膜以内、核膜以外的物质属于细胞质。细胞质在光学显微镜下表现为透明而稍具黏性的液体，称为透明质或者细胞质的基质。细胞质基质中含水、无机离子、脂类物质、糖类和核苷酸等，还有许多酶。细胞质基质不仅为新陈代谢提供场所，而且也为新陈代谢提供原料和一定的环境条件。此外基质还悬浮有很多不同形态、结构和功能的细胞器。主要的细胞器有：

(1)内质网。内质网是贯穿于整个细胞质的一种相互贯通的管道或泡状的微型模腔系统，它向内延伸和高尔基体及细胞核膜相连，它向外和细胞膜相连。内质网有两种类型，一类是在膜的外侧附有许多小颗粒，这种附着颗粒的内质网叫粗糙内质网或颗粒状内质网，这些颗粒是核糖体；另一类在膜的外侧不附着有颗粒，表面光滑，称光滑内质网或非颗粒状内质网。

内质网功能如下：粗糙内质网是细胞内合成蛋白质的场所，细胞质内绝大部分的 RNA 是在内质网上的核糖体中保存的；在内质网中合成的蛋白质，由内质网运输到高尔基体的膜内，进行化学的酿造和加工，形成颗粒状物，如酶原颗粒和色素颗粒等。

(2)核糖体。核糖体是由蛋白质和 RNA 构成的复合体。由大小两个亚基组成。核糖体是蛋白质合成的场所。真核细胞中，核糖体进行蛋白质合成时，既可以游离在细胞质中，称为游离核糖体；也可以附着在内质网的表面，称为附着核糖体。附着核糖体合成的蛋白质主要有两类：一类是分泌蛋白，通过内质网运输到高尔基体，经加工包装后被分泌到细胞外；另一类是排列到质膜内的蛋白质。游离核糖体合成的蛋白质一般是分布到细胞质基质中的蛋白质，如分布于细胞质基质中的酶等。

(3)高尔基体。高尔基体的主要功能是将内质网合成的蛋白质进行加工、对比、分类与包装，然后分门别类地送到细胞特定的部位或分泌到细胞外。从内质网送来的小泡与高尔基体膜融合，将内含物送入高尔基体腔中，新合成的蛋白质肽链继续完成修饰和包装。高尔基体还进行着蛋白质和糖类的结合及很多复杂的多糖合成作用。

(4)线粒体。线粒体是细胞质中的一些球状、棒状或弯曲线条状的细胞器。它是细胞进行呼吸作用的场所，通过呼吸作用，将有机物氧化分解，并释放能量，供细胞的生命活动所需，所以有人称线粒体为细胞的"发电站"或"动力站"。

(5)溶酶体。细胞质中有一些球状的细胞器，大小与线粒体相近，称之为溶酶体。溶酶体外有一层膜，体内有很多种消化酶、蛋白酶、核酸分解酶和糖苷酶等，这些酶贮存于溶酶体内。消化外来物时，溶酶体发挥着积极作用。外来物微粒接触到细胞膜时，细胞膜首先内陷形成囊泡将其包围，形成一个吞噬小体，这个过程称之为吞噬作用。如外来物为液体时，这个过程称为胞饮作用。当吞噬体接触到含有酶的溶酶体时，两者的膜可以融合起来形成消化泡，大分子物质就在这里被分解，分解后的产物再通过扩散到细胞质里，用于各种生命过程。

(6)中心体。中心体存在于动物细胞和某些低等植物细胞中，两个圆柱状的中心体位于细胞核的附近，所以叫中心体。中心体与细胞的有丝分裂有密切关系。

3.细胞核

在所有真核细胞中，有一个或几个呈球形或者椭圆形的物体，称为细胞核。细胞核由核膜、核仁、核液与染色质四部分组成。

核膜由两层膜组成，分为内膜和外膜。核仁是细胞核内一或几个圆球形的比较致密的构造，核仁对细胞的生命很重要，没有核仁，细胞就不能完成有丝分裂的整个过程，核仁是合成核糖核酸和蛋白质的一个活动中心，它的功能是制造核糖体的核糖核酸和蛋白质。核液是细胞核内一种黏稠性的液体。

染色质是细胞分裂间期细胞核内着色较深的物质，经过一定处理，呈现为细网结构，它是一种由DNA、组蛋白、非组蛋白及少量RNA构成的复合物，当染色质进入细胞分裂期之后，就会逐步收缩，变为一种易被碱性染料着色的有形小体，称为染色体。当细胞分裂完毕进入间期时，就又不断解聚，成为松散的染色质，因而染色体与染色质是同一物质的两种不同形态，染色体处于凝聚态，染色质处于分散态，这两种不同形态与染色体的活动密切相关。分散态的染色质进行着活跃的生理生化活动，复制DNA，转录各种RNA，控制着细胞的各种功能活动，聚缩态的染色体是适应细胞分裂所采取的一种基本形式，行动灵活，易于分开。在细胞分裂过程中，染色体与染色质发生规律性的往复变化，它对于控制生物的遗传、变异和生命活动都有着极其重要的作用。

二、染色质与染色体

染色体是细胞内具有遗传性质的遗传物质深度压缩形成的聚合体，易被碱性染料染成深色，所以叫染色体；染色体和染色质是同一物质在细胞分裂间期和分裂期的不同形态表现。染色质出现于间期，呈丝状。其本质都是由脱氧核糖核酸(DNA)和蛋白质组成的复合物，不均匀地分布于细胞核中，是遗传物质的载体。

(一)染色质化学组成

染色质由DNA、组蛋白、非组蛋白及少量RNA组成,DNA与组蛋白是染色质的稳定成分,非组蛋白与RNA的含量则随细胞的生理状态和细胞类型不同而变化。研究表明,DNA是主要的遗传物质,RNA也参与遗传,对一些不含DNA的低等生物而言,RNA是其主要的遗传物质,因此,染色体是遗传物质的载体,核酸是遗传物质。

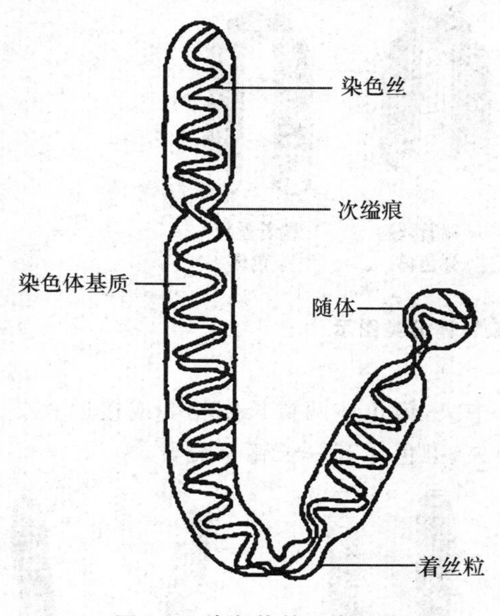

图1-1 染色体的形态结构

(二)染色体形态

染色体一般呈圆柱形,外有表膜,内有基质。基质中有两条平行而又卷曲相互缠绕的染色丝纵贯整个染色体,染色丝上有许多大小不均、易于着色的颗粒称为染色粒(点)。研究染色体的形态一般是在细胞有丝分裂的中期,用碱性染料染色,在光学显微镜下进行观察。

一个典型的染色体主要包括以下几个部分(图1-1):

1.着丝粒(点)

在染色体上的一定位置,有一个染色较浅的区域,叫作着丝粒(点)。每一条染色体有一个着丝粒(点)。这是染色体与纺锤丝相连的部位。当细胞分裂时,纺锤丝就附着在这个位置,因而着丝粒(点)的功能与细胞分裂时染色体的移动有关。着丝粒(点)所在的位置,染色体直径较小,所以也叫主缢痕。着丝粒(点)将染色体分为两条臂,长的一端叫长臂,短的一端叫短臂。着丝粒(点)在每条染色体上的位置是恒定的,因此,根据着丝粒(点)的位置可以把不同的染色体区分开来,着丝粒(点)是染色体的重要标记特征。

2.次缢痕

有的染色体还有另一直径较小的地方,染色较浅,叫作次缢痕。它是某些染色体上特有的另一种形态特征。次缢痕在染色体上的位置和大小也是恒定的,常用于鉴别特定的染色体。

3.随体

有些染色体的末端还有一个圆形或略伸长的突出物,称为随体。随体的直径可以与染色体直径相等,随体的大小变化较大,有的甚至小到难以分辨。但是,一定染色体所具有的随体,其形态和大小是恒定的。

4.端粒

端粒是染色体端部的特殊结构,是一条完整染色体所不可缺少的,只表现位置特征,无特殊的形态特征。端粒有重要的功能,能防止染色体末端相互粘连,从而维持染色体的完整性和个体性,并与染色体在核内的空间分布及减数分裂同源染色体配对有关。

(三)染色体类型

根据染色体上着丝粒(点)的位置、染色体臂的长短和随体的有无,可以把染色体分成4种类型(图1-2):

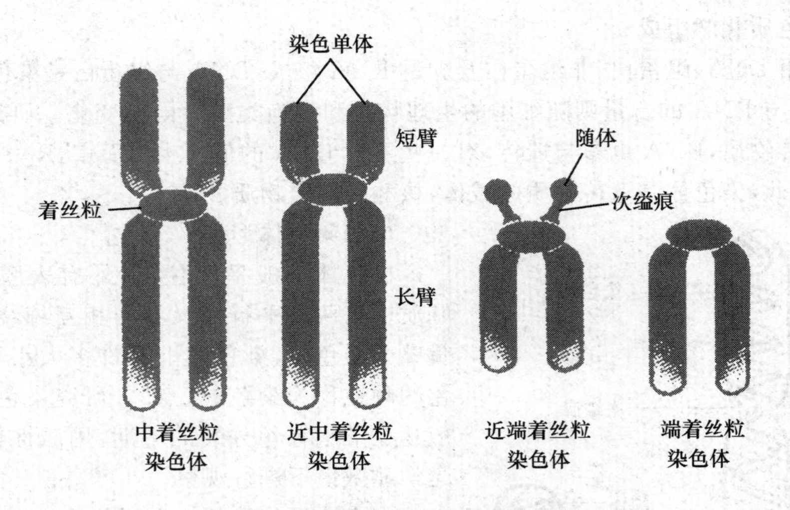

图 1-2　根据着丝粒位置进行染色体分类图示

(1)中着丝粒(点)染色体。着丝粒(点)在染色体中央,染色体两臂长度相等或接近。

(2)近中着丝粒(点)染色体。着丝粒(点)靠近中央,染色体有一长臂一短臂。

(3)近端着丝粒(点)染色体。着丝粒(点)靠近一端,染色体两臂长度差异显著。

(4)端着丝粒(点)染色体。着丝粒(点)位于染色体末端,染色体仅有一臂。

着丝粒(点)位置的不同决定了细胞有丝分裂后期染色体形态的差异,中着丝粒(点)染色体,两臂长度大致相等呈 V 形;近中着丝粒(点)染色体,两臂一长一短呈 L 形;近端着丝粒(点)染色体和端着丝粒(点)染色体则呈棒形。它们在有丝分裂后期的形态见图 1-3。

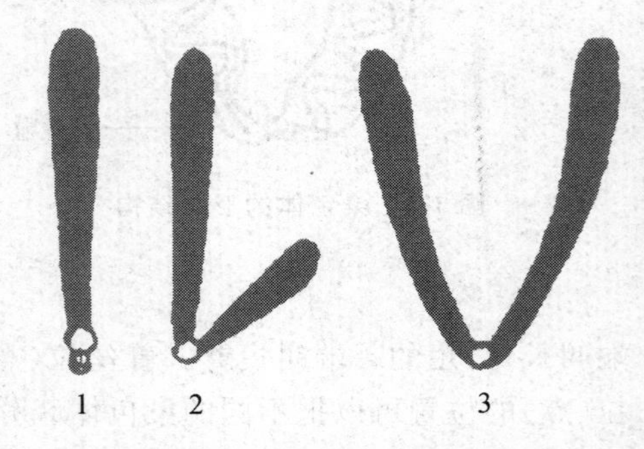

图 1-3　有丝分裂后期染色体各种形态

1. 棒形　2. L 形　3. V 形

(四)染色体数量

在真核生物中,不同生物其染色体数目往往是不同的,同一物种的染色体数目则是恒定的,而且每一种生物个体中的每一个细胞其染色体数目也是相同的。一定形态和数目的染色体,常成为各种生物的细胞学特征。在其世代的延续中,染色体的数目一般保持不变。这对维持物种的遗传稳定性有着重要的意义。

一个成年动物体含有几百亿至几千亿个细胞。其中,构成动物体各种组织器官的细胞称为体细胞,动物睾丸和卵巢中产生的精细胞与卵细胞称为性细胞。

在大多数生物的体细胞中,染色体是成对存在的,数目用 $2n$ 表示,称为二倍体;而在性细胞中染色体是成单存在的,数目用 n 表示,称为单倍体。

各种常见畜禽体细胞染色体数目见表 1-1。

表 1-1 常见畜禽体细胞染色体数目

种类	二倍体数(2n)	种类	二倍体数(2n)
猪	38	猫	38
牛	60	驴	62
水牛	48	猴	42
牦牛	60	鸡	78
山羊	60	鸭	80
绵羊	54	鹅	82
马	64	大鼠	42
兔	44	小鼠	40
犬	78	豚鼠	64

各种生物体细胞中的染色体大都成对存在，即在一个体细胞中相同的染色体各有两条，这两条染色体的形状、大小、着丝粒的位置相同，一条来自父本，一条来自母本，通常把这些成对的染色体称为同源染色体。

同源染色体中有一对特殊的染色体，其大小、形状不同，一条来自父本，一条来自母本，且与性别发育有关，这对染色体叫作性染色体。在哺乳动物中，雌性的两条性染色体的形态、大小、着丝粒(点)位置均相同，性染色体的组成为XX；雄性的两条性染色体只有一条与雌性X染色体相同，而另一条与X染色体存在着很大的差异，称为Y染色体，即雄性的性染色体组成为XY。在家禽和鸟类中，性染色体的情况与哺乳动物刚好相反，即雄性的体细胞中两条性染色体相同，性染色体组成为ZZ；雌性中有一条Z性染色体和一条W性染色体，即雌性的性染色体组成为ZW。在体细胞中，除一对性染色体以外的其他所有同源染色体雌雄个体都一样，统称为常染色体。

上述概念之间的相互关系如图1-4所示。

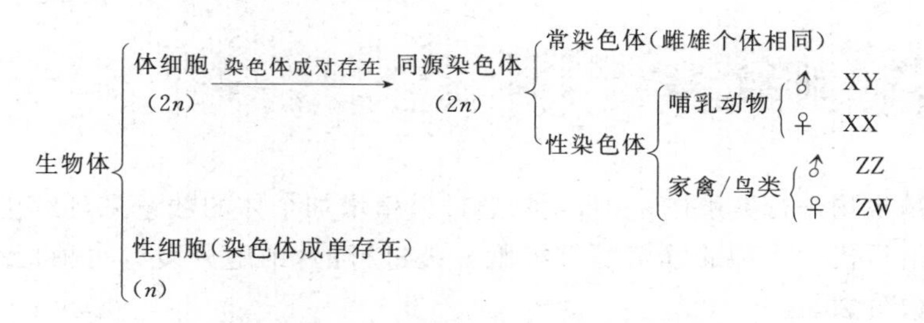

图 1-4 同源染色体、常染色体、性染色体之间的关系

由于各种生物都具有特定的染色体数目和形态，而且两者的变化常常影响各种生物的遗传性状，所以，有必要对染色体及其变化规律进行研究。

(五)染色体分析

每一物种所含染色体的形态、结构和数目都是一定的，而不同物种之间在染色体形态和数目上都有差异。因此，染色体的形态和数目可以反映物种的特征。为了研究和分析物种之间的关系，产生了染色体分析技术。

染色体组型是代表物种染色体形态特征的模式图，是根据染色体的相对长度、臂长比、着丝粒(点)的位置、核仁形成区的位置绘制而成的模式图。对某一物种细胞核内所有染色体的长度、长短臂的比率、着丝粒(点)的位置、随体的有无等特征进行分析，称为染色体组型分析。在有丝分裂中期，首先对细胞进行特殊的处理、染色并制片；然后进行镜检、显微照相和测微长度；最后把照片上的染色体逐个剪下来，按照一定的顺序排列，分别予以编号。牛的染色体组型如图 1-5 所示。染色体组型广泛应用于动物染色体数目和结构变异的分析、染色体来源的鉴定、通过细胞融合得到的杂种细胞的研究以及基因定位研究中单个染色体的识别等方面。

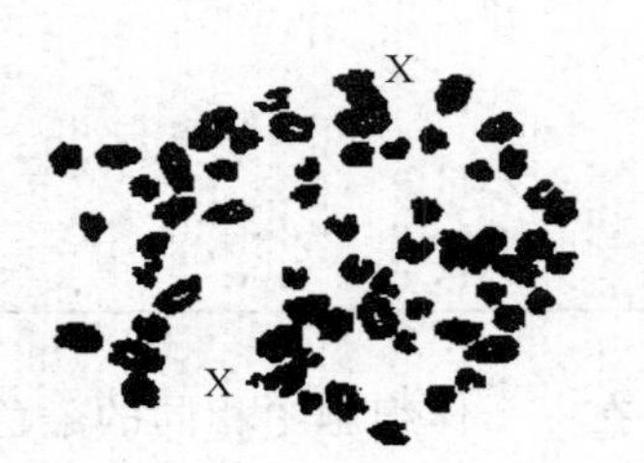

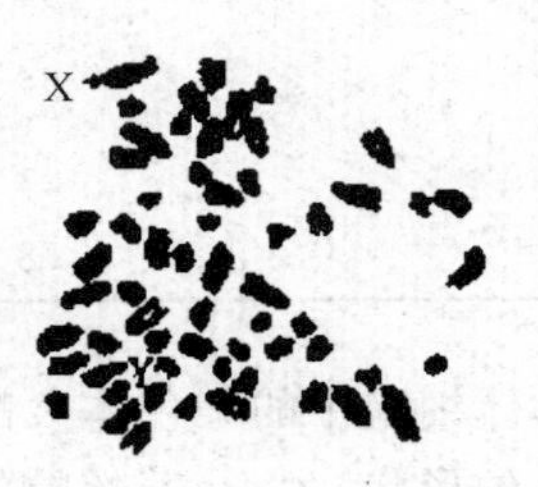

图 1-5 牛的染色体组型图

任务二 细胞分裂

细胞分裂是生物进行繁殖的基础，生物通过繁殖增加个体的数量来延续生命，把亲代的遗传物质传递给后代。生物的繁殖是靠细胞分裂进行的，细胞分裂有三种形式：无丝分裂、有丝分裂和减数分裂。

无丝分裂又称直接分裂，是染色体不经过变化的一种简单分裂方式。其分裂过程先是细胞体积增大，核仁分裂，然后核延伸内凹成两部分，细胞质也随之收缩分裂为两个相似的子细胞。原核细胞如细菌靠无丝分裂进行繁殖。过去认为无丝分裂在高等动物中是病变、衰老或手上组织的分裂方式，现在发现高等生物中有些专化细胞也存在无丝分裂。

真核生物体细胞靠有丝分裂方式繁殖，性细胞形成过程的分裂方式是减数分裂。

一、细胞周期

生物细胞的生长、分裂是有其周期性的。通常把细胞从上一次分裂结束(开始)到下一次分裂结束(开始)所经历的时间,称为细胞周期。一个细胞周期可以分为间期和分裂期两个阶段。

(一)间期

细胞从一次分裂结束到下一次分裂开始前的一段时间,称为间期。在光学显微镜下,经固定处理的间期细胞核,出现网状结构和易被碱性染料染色的细丝。间期细胞核处于高度活跃的状态,进行着一系列的生化反应,包括 DNA 复制、RNA 转录和蛋白质的合成,为子细胞的形成进行物质和能量的准备。

根据 DNA 复制的特点,可将间期分为三个阶段:G_1期(复制前期)、S 期(复制期)及 G_2期(复制后期)。

(1)G_1期。G_1 期是从上一次细胞分裂结束之后到 DNA 复制前的间隔时间。这一时期细胞体积明显增大,主要进行 RNA、蛋白质和酶的合成,行使细胞的正常功能,为进入 S 期进行物质和能量的准备。

(2)S 期。S 期是 DNA 合成期,细胞主要进行 DNA 的复制,使细胞核中的 DNA 含量增加 1 倍。DNA 的准确复制,为细胞分裂做好了准备,保证了子细胞与母细胞遗传上的一致。DNA 复制一旦发生差错,就会引起变异,导致异常细胞或畸形的发生。

(3)G_2期。G_2 期是从 DNA 合成后到细胞开始分裂前的间隙期,进行某些染色体的凝聚和形成纺锤体所需要物质(主要是 RNA、蛋白质)的合成,为细胞进入分离期准备物质条件。

通常将含有 G_1期、S 期、G_2期和分裂期四个不同时期的细胞周期称为标准的细胞周期。细胞周期的长短因细胞种类不同而存在差异。同种细胞之间,细胞周期时间长度相同或相似;不同种类细胞之间,细胞周期时间长短各不相同。一般而言,细胞周期时间长短主要差别在 G_1期,其次为 G_2期,而 S 期和分裂期相对较为恒定。在整个细胞周期中,间期占的时间较长,分裂期较短。

(二)分裂期

细胞一旦完成间期的准备,便进入有丝分裂期。有丝分裂的意义在于,把加倍的 DNA 以染色体的形式平均分配到两个子细胞中去。使每个子细胞得到一套和母细胞完全相同的遗传物质。

二、细胞的有丝分裂

由于在分裂过程中出现纺锤丝,故称为有丝分裂。有丝分裂是高等生物体细胞增殖的普遍方式。

有丝分裂是一个连续的动态变化过程。通常根据染色体的形态变化特征,将其分为前、中、后、末 4 个时期。各时期的主要特征如下,参见图 1-6。

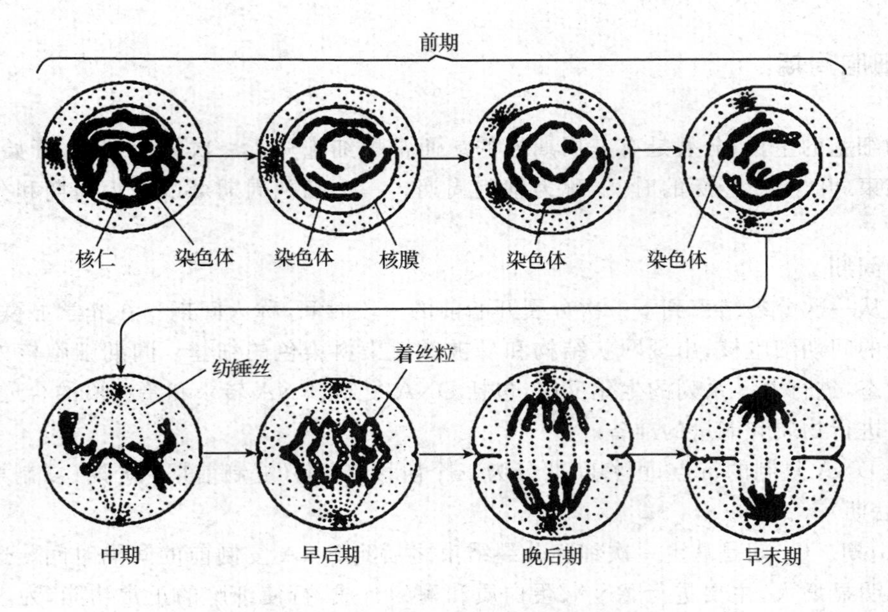

图 1-6　动物细胞有丝分裂模式图

(一)前期

前期是有丝分裂的起始阶段,细胞核膨大,染色质逐渐浓缩、螺旋化、折叠和包装,由原来漫长的弥漫样分布的线性染色质逐渐变粗变短,形成具有一定形态、数目的染色体。此时可以看到每条染色体由两条染色单体组成。两条染色单体并不完全分开,仍由着丝粒(点)相连。接着核仁逐渐变小而消失,核膜也逐渐消失。一对中心粒彼此分开,向细胞两极移动。每个中心粒周围出现许多放射状的细丝,形成星体。在两个中心粒之间出现纺锤丝,纺锤丝与星体连接形成纺锤体。

(二)中期

中期的开始以核膜破裂消失为标志,染色体进一步凝集浓缩、变短变粗,并有规律地排列在细胞两极间的赤道平面上,形成赤道板。纺锤体也变得清晰可见。每个染色体的两条染色单体分别由纺锤丝与细胞两极相连。

此时,染色体高度螺旋化形成最典型的形状,适宜进行染色体形态和数目的观察,是核型分析的最佳时期。

(三)后期

每条染色体的着丝粒发生纵裂,两条染色单体从着丝粒(点)处分开,由各自的纺锤丝牵引分别向细胞两极移动,移向细胞两极的两组染色体形态和数目相同。由于各个染色体上的着丝粒(点)的位置不同,使后期的染色体呈现出 V 形、L 形和棒形。染色体向两极移动与着丝粒(点)和纺锤丝有密切关系。如果用药物(如秋水仙素)处理细胞使纺锤体解体,那么染色体的运动就不会发生;若染色体没有着丝粒(点)也不能向两极移动。

(四)末期

当两组染色体移动到细胞两极后,纺锤丝逐渐消失,染色体开始解螺旋,逐渐变成细长而盘绕的染色质丝,核膜、核仁重新出现,形成新的细胞核。与此同时,细胞质也开始逐渐分裂为两部分，最后形成两个子细胞，完成了有丝分裂全过程。

细胞在有丝分裂过程中，染色体复制一次，细胞分裂一次，由一个母细胞分裂为两个子细胞，复制纵裂后的染色体均等而准确地分配到两个子细胞中，子细胞和母细胞在染色体数目、形态结构方面保持相同，保证了个体的正常生长发育，也保证了物种的稳定性和连续性。

三、细胞的减数分裂

减数分裂发生在性细胞（精细胞、卵细胞）形成过程中的成熟期，是一种特殊的分裂方式，由于分裂以后形成的性细胞（精细胞、卵细胞）中染色体的数目比性母细胞（初级精母细胞和初级卵母细胞）中染色体的数目减少了一半，因此，这种分裂方式叫作减数分裂。减数不仅指形态上的染色体数目减半，而且表现在遗传上的基因含量减半。

减数分裂分为减数第一次分裂（减数分裂期Ⅰ）和减数第二次分裂（减数分裂期Ⅱ），根据染色体的形态变化特征，两次分裂各分为前、中、后、末 4 个时期，减数分裂期Ⅰ的 4 个时期称为前期Ⅰ、中期Ⅰ、后期Ⅰ、末期Ⅰ；减数分裂期Ⅱ的 4 个时期称为前期Ⅱ、中期Ⅱ、后期Ⅱ、末期Ⅱ来表示。减数分裂过程如图 1-7 所示。

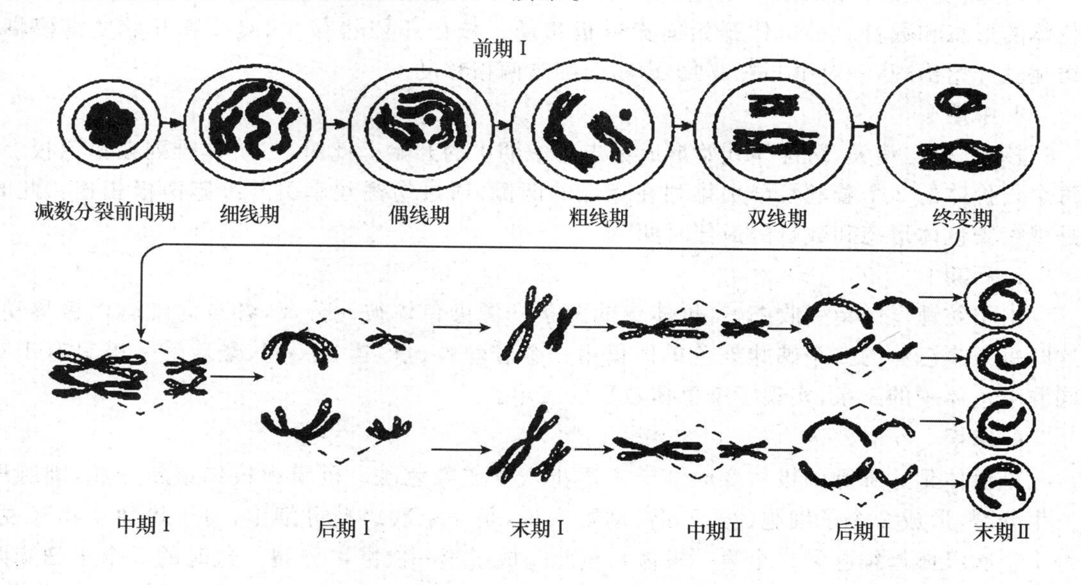

图 1-7 减数分裂模式图

（一）减数第一次分裂

减数第一次分裂，由初级精母细胞（初级卵母细胞）形成次级精母细胞（次级卵母细胞），细胞内染色体数目减半，由二倍体（$2n$）变为单倍体（n）。

1. 前期Ⅰ

此期在减数分裂过程中耗时最长，染色体发生一系列的复杂变化。根据细胞形态变化，此期又分为细线期、偶线期、粗线期、双线期和终变期 5 个亚期。

（1）细线期。第一次分裂开始，染色质逐渐浓缩呈细线状，盘绕成团，此时每个染色体已复制为 2 条姊妹染色单体，但在细线期难以识别。

(2)偶线期。主要发生同源染色体配对现象。同源染色体是指大小、形态结构相同，分别来自父本和母本的一对染色体。每对同源染色体开始互相靠拢，两两并列在一起，在各对应位点上准确地配对，这种现象称为“联会”，是减数分裂特有的现象之一。配对具有严格的选择性，只有同源染色体才能联会在一起。配对时先在两端靠拢配对。或在染色体上的任何部位开始配对，最后扩展到整个染色体。

(3)粗线期。染色体不断缩短变粗，此时可以清楚地看到同源染色体的配对，一对相互配对的同源染色体叫作二价体。此时二价体的每一条染色体已复制为 2 条染色单体，它们互称姊妹染色单体，所以每个二价体都包含有 4 条染色单体，故又称四分体，一条染色体的 2 条姊妹染色单体对其同源染色体的 2 条姊妹染色单体来说彼此互称为非姊妹染色单体。

(4)双线期。染色体继续缩短，比粗线期更短更粗。组成二价体的 2 条同源染色体之间开始彼此分离，由于同源染色体 2 对染色单体互相缠绕在一起，所以分离时并不是完全分开，在某些部位上仍有一处或几处保持接触，称为交叉现象。之后交叉处断裂，二价体的非姊妹染色单体之间发生染色体片段的互换。染色体片段的互换是减数分裂的另一个特有现象，它导致了遗传性状的重组，是引起生物变异的原因之一。

(5)终变期或称浓缩期。染色体继续螺旋化变得更加粗短，此时适宜在显微镜下观察染色体的形态和数目。二价体开始向赤道板移动。核仁还依然存在，但核膜开始变得模糊。纺锤丝开始出现，一对中心粒彼此分开，向细胞两极移动。

2. 中期Ⅰ

核膜、核仁消失，纺锤体开始形成标志着中期Ⅰ的开始。此时，二价体排列在赤道板上，每个二价体的 2 个着丝粒分别排列在赤道的两侧，通过纺锤丝牵引与细胞两极相连。此时是观察染色体形态和数目的最佳时期。

3. 后期Ⅰ

由于纺锤丝的牵引收缩，二价体中的两条同源染色体彼此分离，各自向细胞两极移动，这时每条染色体的 2 个姊妹染色单体仍由一个着丝粒(点)连在一起，最后每一极只有 1 对同源染色体中的 1 条，实现了染色体数目的减半。

4. 末期Ⅰ

染色体到达细胞两极后变成细长并逐步恢复成染色质。核膜和核仁重新形成，细胞质发生分裂，形成 2 个子细胞(对于雄性动物来说，是 2 个次级精母细胞；对于雌性动物来说，是 1 个次级卵母细胞和 1 个第一极体)，至此完成了第一次减数分裂。这时的 2 个子细胞内分别含有初级精母细胞(初级卵母细胞)中一半的染色体数目(n)，实现了染色体数目的减半。

减数第一次分裂结束后经过短促的分裂间期，即进入减数第二次分裂。在减数分裂间期不像有丝分裂间期那样发生 DNA 的复制。

(二)减数第二次分裂

1. 前期Ⅱ

历时很短，有些生物根本没有。此时染色体由线状重新变短变粗，每条染色体的两条姊妹染色单体出现明显的排斥，以至于染色单体臂分得很开，但着丝粒(点)仍连接在一起。

2. 中期Ⅱ

核仁、核膜消失，纺锤丝出现。染色体排列在赤道板上，通过纺锤丝牵引与细胞两极相连。

3.后期Ⅱ

每条染色体的着丝粒(点)一分为二,在纺锤丝的牵引下,两条姊妹染色单体彼此分开向两极移动。

4.末期Ⅱ

两组染色体到达细胞两极后开始变成细长并逐渐恢复成染色质。纺锤丝消失,核仁、核膜出现。接着进行细胞质分裂,形成2个子细胞(对于雄性动物来说,是2个精细胞;对于雌性动物来说,是1个卵细胞和1个第二极体)。至此,整个减数分裂过程全部完成。

细胞在减数分裂过程中,染色体复制1次,细胞分裂了2次,第一次分裂是同源染色体之间彼此分开,第二次分裂是姊妹染色单体之间彼此分开,由1个初级精母细胞(初级卵母细胞)经过连续2次分裂,形成4个精细胞(1个卵细胞和3个第二极体),每个精细胞(卵细胞)的染色体数目只有初级精母细胞(初级卵母细胞)的一半。

减数分裂方式在遗传上具有重要意义。达到性成熟的动物体首先通过减数分裂,使产生的性细胞染色体数目减半,成为单倍体(n),再经过受精结合形成下一代受精卵,恢复成二倍体($2n$)。受精卵经过有丝分裂,发育为一个成年的动物体,这样保证了亲代与子代间染色体数目的恒定。

其次,在前期Ⅰ的双线期,一对同源染色体的非姊妹染色单体之间可以发生片段的互换,从而使同源染色体上的基因进行重新组合形成具有不同基因的性细胞;一对同源染色体的2个成员在后期Ⅰ彼此分开时移向细胞哪一极是完全随机的,这样非同源染色体可以随机地自由组合在一起进入同一性细胞中。这些特有的现象为生物的变异创造了条件,为人工选择提供了丰富的材料,有利于生物的适应与进化。

减数分裂过程染色体变化复杂,在高等动植物中进行减数分裂的性母细胞是有丝分裂的产物,有丝分裂是减数分裂的基础。有丝分裂也依赖于减数分裂,如果没有减数分裂产生染色体减半的配子,其合子(受精卵)就不会保持染色体数目的恒定性,这种相互依赖关系,保证了生物的世代连续性。

四、高等动物配子的发生

高等动物都是雌雄异体。动物的配子(精子和卵子)是性腺(睾丸和卵巢)中的原始生殖细胞经过有丝分裂和减数分裂形成的。

(一)精子发生

雄性动物的配子发生叫作精子发生。雄性动物睾丸中含有被称为精原细胞的未成熟的潜在种质细胞,这些细胞首先以有丝分裂方式进行若干代的增殖,产生许多的精原细胞,这一阶段叫作繁殖期,最后一代精原细胞不再进行有丝分裂,而是进入生长期。精原细胞($2n$)生长分化为初级精母细胞($2n$),1个初级精母细胞经过减数第一次分裂,产生2个大小一样的次级精母细胞(n),每个次级精母细胞再经过减数第二次分裂各产生2个精细胞(n),再经过形成期,最终1个初级精母细胞产生4个精子(n)。

(二)卵子发生

卵子发生是雌性动物配子的发生过程,卵子发育的第一阶段与雄性动物相似。卵巢含有被称为卵原细胞的未成熟种质细胞，这些细胞经过有丝分裂迅速增殖，成为卵原细胞，卵原细胞(2n)进入生长期生长分化为初级卵母细胞(2n)。1个初级卵母细胞经过减数第一次分裂，产生2个大小悬殊的细胞，大的是次级卵母细胞(n)，小的是第一极体(n)，极体只有细胞核，几乎没有细胞质，次级卵母细胞经过减数第二次分裂，产生2个大小不等的细胞，大的为卵细胞(n)，小的为第二极体(n)，第一极体有的还分裂一次，形成2个第二极体，有的不分裂，以后和第二极体一起退化。因此，1个初级卵母细胞经过减数分裂只产生1个有功能的卵子。

因为染色体在整个减数分裂过程中只复制1次，细胞分裂2次，因此，每个精细胞(卵细胞)中染色体数目只有初级精原细胞(初级卵母细胞)的一半。

高等动物性细胞的形成过程如图1-8所示。

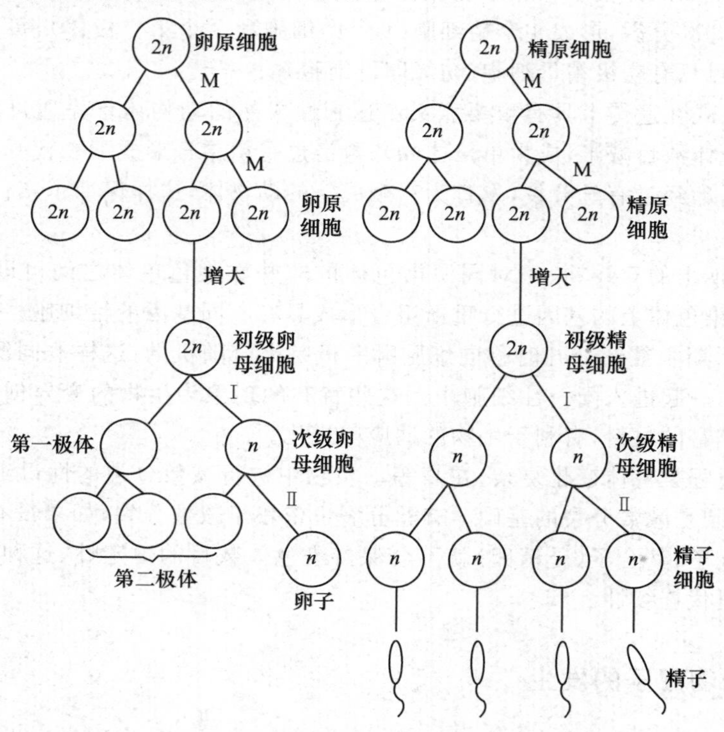

图1-8　高等动物性细胞的形成过程图解

(三)染色体在动物生活史中的周期变化

动物的生命从受精卵开始，经过一系列的有丝分裂，形成了一个完整的生物体，体内的性腺(睾丸、卵巢)组织经过减数分裂，产生出精子和卵子，然后精子和卵子结合，形成合子，完成了动物生活史中的一个周期。与此同时，染色体经历了二倍体→单倍体→二倍体这一循环过程。因此，从染色体角度观察，动物的生活史是二倍体与单倍体的往复运动。通过动物生活史中染色体变化可以看出：

(1)从合子到完整的生物体，有丝分裂是生物生长发育的基本形式。通过有丝分裂，每个子细胞都具有同母细胞一致的染色体数目，保证了同一物种子代和亲代间染色体数目的恒定，保持了染色体在生物体内的一致性与稳定性。

(2)细胞在配子形成过程中,染色体数目减半,与受精过程中染色体数目加倍相对应,从而使不同世代的生物体都具有相同的染色体数目,使物种在世代繁衍过程中具有相对的稳定性(图 1-9)。

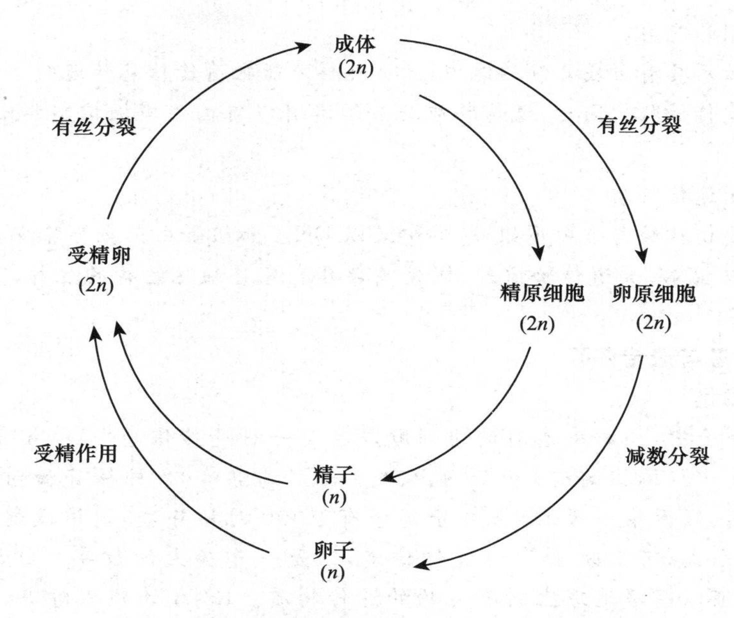

图 1-9 染色体周期变化示意图

这种现象说明,有丝分裂和减数分裂中的染色体,虽然变化方式不同,但是目标一致,都在保持着生物遗传物质的稳定性。

【学习要求】

识记:染色体、同源染色体、姊妹染色体、性染色体、细胞周期、联会、二倍体、单倍体。

理解:染色体的形态;有丝分裂与减数分裂的主要区别;染色体数量及细胞的减数分裂对于生物性状遗传的重要意义。

应用:讨论分析染色体组型在畜牧生产中的应用前景如何?

【知识拓展】

拓展一 遗传信息的传递

一、核酸是遗传物质

(一)遗传物质应具备的条件

1.高度的稳定性与可变性

高度稳定性是指遗传物质在细胞中的含量、存在的位置以及其化学组成是恒定的,不会轻易受内外环境条件的影响而发生变化。可变性是指遗传物质在一定程度上具有可以变化的潜力。否则,生物就会因遗传物质的僵化而被自然选择所淘汰。可以说生物进化史就是遗传物质突变的历史。

2. 复杂的结构和携带各种遗传信息的潜力

地球上的物种繁多,每种生物又有许许多多的性状,而每个性状的表现都是有遗传基础的。

3. 自我复制的能力

遗传物质必须具有自我复制的能力,只有这样才能把遗传信息传递给子代,使子代具有与亲代相似的遗传性状。同时,遗传物质还必须具有以自己为模板控制其他物质新陈代谢的能力。

(二)核酸是遗传物质

染色体主要由核酸与蛋白质组成,其中又以DNA和组蛋白最多。除少数不含DNA的生物(如病毒)以RNA为遗传物质外,绝大多数具有完整细胞结构的生物,都以DNA为遗传物质。

二、遗传信息与遗传密码

(一)遗传信息

在DNA分子中,一种碱基对的排列顺序就是一种遗传信息。DNA分子的碱基有4种,A(腺嘌呤)—T(胸腺嘧啶)和C(胞嘧啶)—G(鸟嘌呤)2种核苷酸对。核苷酸数量一般有上万对。假设某一段DNA分子链含有1 000对核苷酸,则该段就可有$4^{1\,000}$种不同的排列组合方式,可反映$4^{1\,000}$种遗传信息,这是一个庞大的数字。DNA分子的这种特殊结构完全可以蕴藏地球上所有生物的遗传物质。RNA的碱基对A—U和C—G,U是尿嘧啶。

(二)遗传密码

遗传密码是核酸的碱基序列和蛋白质的氨基酸序列的对应关系。DNA分子中碱基对的排列顺序,决定信使RNA的碱基的排列顺序,决定氨基酸的序列。进一步研究证明,以DNA为模板形成的RNA上,每三个按顺序排列的碱基决定一种氨基酸的合成,称为密码子。4种碱基可以组合成$4^3=64$种密码子,而动物体内只有20种氨基酸,故存在多个密码子代表一种氨基酸的情况。除甲硫氨酸和色氨酸外,其他的氨基酸均有两种以上的密码子。多种密码子编码一种氨基酸的现象称为简并,代表一种氨基酸的多种密码子称为同义密码子。三联体密码子AUG和GUG为蛋白质合成起点密码子。UAA、UAG、UGA是终止密码。具体见表1-2。

表1-2　20种氨基酸的遗传密码表

第一位置碱基	密码子的第二位				第三位置碱基
	U	C	A	G	
U	UUU　苯丙氨酸	UAU　丝氨酸	UAU　络氨酸	UGU　半胱氨酸	U
	UUC　亮氨酸	UAC　丝氨酸	UAC　络氨酸	UGC　半胱氨酸	C
	UUA　亮氨酸	UAA　丝氨酸	UAA　终止密码	UGA　终止密码	A
	UUG	UAG　丝氨酸	UAG　终止密码	UGG　色氨酸	G

续表 1-2

第一位置碱基	密码子的第二位								第三位置碱基
	U		C		A		G		
C	CUU	亮氨酸	CCU	脯氨酸	CAU	组氨酸	CGU	精氨酸	U
	CUC	亮氨酸	CCC	脯氨酸	CAC	组氨酸	CGC	精氨酸	C
	CUA	亮氨酸	CCA	脯氨酸	CAA	谷氨酸	CGA	精氨酸	A
	CUG	亮氨酸	CCG	脯氨酸	CAG	谷氨酸	CGG	精氨酸	G
A	AUU	异亮氨酸	ACU	苏氨酸	AAU	天冬氨酸	AGU	丝氨酸	U
	AUC	异亮氨酸	ACC	苏氨酸	AAC	天冬氨酸	AGC	丝氨酸	C
	AUA	异亮氨酸	ACA	苏氨酸	AAA	赖氨酸	AGA	精氨酸	A
	AUG	甲硫氨酸（起始）	ACG	苏氨酸	AAG	赖氨酸	AGG	精氨酸	G
G	GUU	缬氨酸	GCU	丙氨酸	GAU	天冬氨酸	GGU	甘氨酸	U
	GUC	缬氨酸	GCC	丙氨酸	GAC	天冬氨酸	GGC	甘氨酸	C
	GUA	缬氨酸	GCA	丙氨酸	GAA	谷氨酸	GGA	甘氨酸	A
	GUG	缬氨酸（起始）	GCG	丙氨酸	GAG	谷氨酸	GGG	甘氨酸	G

三、中心法则及其发展

中心法则阐述了生物界遗传信息流动方向的问题。我们把遗传信息从 DNA 传递给 RNA，再从 RNA 传递给蛋白质以及 DNA 传递给 DNA 的过程称为中心法则。其内容概括为以下几点。

（1）DNA 链上的碱基序列就是遗传信息，是产生具有特异性蛋白质的模板。

（2）DNA 双股链打开，以每条单链为模板，按照碱基配对原则，合成新的互补链。

（3）以 DNA 双链中的一条链为模板，转录成 mRNA。然后根据 mRNA 上的遗传密码翻译成蛋白质。

这三点说明，遗传信息由 DNA 传向 DNA，或由 DNA 传向 RNA，然后，决定蛋白质的特异性；蛋白质是遗传信息的受体，遗传信息不能由蛋白质传向蛋白质，或由蛋白质传向 DNA 或 RNA。即遗传信息从 DNA 传给 DNA 的复制过程，以及遗传信息以 DNA 传递给 RNA，再由 RNA 通过转录和翻译确定蛋白质特异性过程，这是分子生物学的中心法则。

中心法则自 1958 年提出以后，科学家又陆续发现那些只含有 RNA 而不含 DNA 的病毒，在感染宿主细胞后，RNA 与宿主的核糖体结合，形成一种 RNA 复制酶，在这种酶的催化作用下，以 RNA 为模板复制出 RNA。也就是说，RNA 的遗传信息可以传向 RNA。近年来又研究发现，路斯肿瘤病毒是 RNA 病毒，存在反转录酶，它能以 RNA 为模板合成 DNA。

由此可见，遗传信息并不一定是从 DNA 单向地传向 RNA，RNA 携带的遗传信息同样也可以复制和传向 DNA，这就是补充和完善后的中心法则。

修正前后的中心法则见图1-10。

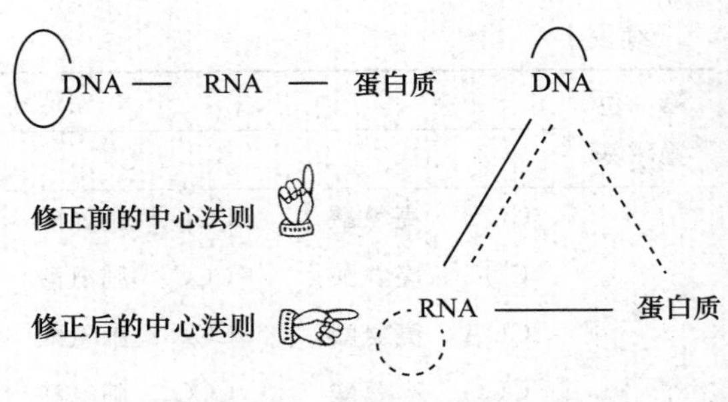

图1-10　修正前后的中心法则

四、基因的概念

基因是遗传的基本单位，是有功能的DNA片段，它含有合成有功能的蛋白质多肽链或RNA所必需的全部核苷酸序列。基因具有4个方面的特点。

(1)基因是一个突变单位，突变的本质是基因的改变，最终导致生物遗传性的改变。

(2)基因是一个功能单位，以遗传密码的方式携带遗传信息，发出指令产生各种生物表型。

(3)基因是一个重组单位，由于重组促进了生物的进化和生物的多样性。

(4)基因是一个调控的和可调控的单位，受反式调控元件和顺式调控元件等多个因素调控，因此，基因既是一个调控单位，又是一个可调控单位。

拓展二　人类基因组计划

人类基因组计划(human genome project，HGP)是由美国科学家于1985年率先提出，于1990年正式启动。美国、英国、法国、德国、日本和我国科学家共同参与了这一价值达27亿美元的人类基因组计划，与曼哈顿原子弹计划和阿波罗计划并称为三大科学计划。人类基因组计划的目标是为30多亿个碱基对构成的人类基因组精确测序，发现所有人类基因并搞清其在染色体上的位置，破译人类全部遗传信息，建立人类基因库。

1994年，我国人类基因组计划在吴旻、强伯勤、陈竺、杨焕明的倡导下启动，1998年在国家科技部的领导和牵线下，组建了中科院遗传所，在上海成立了南方基因中心，1999年在北京成立了北方人类基因组中心，1999年7月在国际人类基因组注册，得到完成人类3号染色体短臂上一个约30 Mb区域的测序任务，该区域约占人类整个基因组的1%。我国成为参与这一计划的唯一发展中国家。

2000年4月底，中国科学家按照国际人类基因组计划的部署，完成了1%人类基因组的工作框架图。

2003年4月14日，中、美、日、德、法、英等6国科学家宣布人类基因组序列图绘制成功，人类基因组计划的所有目标全部实现，已完成的序列图覆盖人类基因组所含基因区域的99%，精确率达到99.99%，这一进度比原计划提前2年多，人类基因组计划共耗资27亿美元。

人类基因组计划的目的是解码生命、了解生命的起源、了解生命体生长发育的规律、认识种属之间和个体之间存在差异的起因、认识疾病产生的机制以及长寿与衰老等生命现象、为疾病的诊治提供科学依据。

在人类基因组计划中，还包括对5种生物基因组的研究：大肠杆菌、酵母、线虫、果蝇和小鼠，称之为人类的5种“模式生物”。

一、HGP的研究内容

HGP的主要任务是人类的DNA测序，绘制四张谱图(遗传图谱、物理图谱、序列图谱、基因图谱)，此外还有测序技术，人类基因组序列变异，功能基因组技术，比较基因组学，社会、法律、伦理研究，生物信息学和计算生物学，教育培训等目的。

二、HGP 研究的众多发现

(1)基因数量少得惊人。一些研究人员曾经预测人类约有 14 万个基因,经过分析得知,全部人类基因组约有 2.91 Gbp,有 39 000 多个基因,目前已经发现和定位了 26 000 多个功能基因,其中有42%的基因尚不知道功能。在已知基因中酶占 10.28%,核酸酶占 7.5%,信号传导占 12.2%,转录因子占 6.0%,信号分子占 1.2%,受体分子占 5.3%,选择性调节分子占 3.2%。

(2)人类基因组中存在"热点"和"荒漠"。19 号染色体是含基因最丰富的染色体,而 13 号染色体含基因量最少。在染色体上有基因成簇密集分布的区域,也有约 1/4 的区域没有基因的片段。在所有的 DNA 中,只有 1%~1.5%的 DNA 能编码蛋白质,而 98%以上的序列都是所谓的"无用 DNA"。

(3)人类单核苷酸多态性的比例约为 1/1 250,不同人群仅有 140 万个核苷酸差异,人与人之间 9.99%的基因密码是相同的。并且发现,来自不同人种的人比来自同一人种的人在基因上更为相似,在整个基因组序列中,人与人之间的变异仅为万分之一,从而说明人类不同"种属"之间并没有本质上的区别。

(4)男性的基因突变率是女性的 2 倍,而且大部分人类遗传疾病是在 Y 染色体上进行的。所以,可能男性在人类的遗传中起着更重要的作用。

(5)人类基因组中有 200 多个基因是来自于插入人类祖先基因组的细菌基因。这种插入基因在无脊椎动物是很罕见的,说明是在人类进化晚期才插入基因组的。可能是在我们人类的免疫防御系统建立起来前,寄生于机体中的细菌在共生过程中发生了与人类基因组的基因交换。

(6)发现了大约 140 万个单核苷酸多态性,并进行了精确的定位,初步确定了 30 多种致病基因。随着进一步分析,我们不仅可以确定遗传病、肿瘤、心血管病、糖尿病等危害人类生命健康最严重疾病的致病基因,寻找出个体化的防治药物和方法,同时对进一步了解人类的进化产生重大的作用。

三、HGP 对人类的重要意义

1. HGP 对人类疾病基因研究的贡献

人类疾病相关的基因是人类基因组中结构和功能完整性至关重要的信息。对于单基因病,采用"定位克隆"和"定位候选克隆"的全新思路,导致了亨廷顿舞蹈病、遗传性结肠癌和乳腺癌等一大批单基因遗传病致病基因的发现,为这些疾病的基因诊断和基因治疗奠定了基础。对于心血管疾病、肿瘤、糖尿病、神经精神类疾病(老年性痴呆、精神分裂症)、自身免疫性疾病等多基因疾病是目前疾病基因研究的重点。

2. HGP 对医学的贡献

基因诊断、基因治疗和基于基因组知识的治疗、基于基因组信息的疾病预防、疾病易感基因的识别、风险人群生活方式、环境因子的干预。

3. HGP 对生物技术的贡献

(1)基因工程药物:分泌蛋白(多肽激素、生长因子、趋化因子、凝血和抗凝血因子等)及其受体。

(2)诊断和研究试剂产业:基因和抗体试剂盒、诊断和研究用生物芯片、疾病和筛药模型。

(3)对细胞、胚胎、组织工程的推动：胚胎和成年期干细胞、克隆技术、器官再造。

4. HGP对制药工业的贡献

(1)筛选药物的靶点：与组合化学和天然化合物分离技术结合，建立高通量的受体、酶结合试验。

(2)药物设计：基因蛋白产物的高级结构分析、预测、模拟。

(3)个体化的药物治疗：药物基因组学。

四、HGP展望

1. 生命科学工业的形成

由于基因组研究与制药、生物技术、农业、食品、化学、化妆品、环境、能源和计算机等工业部门密切相关，更重要的是，基因组的研究可以转化为巨大的生产力，实际上一批大型制药公司和化学工业公司纷纷投巨资进军基因组研究领域，形成了一个新的产业部门，即生命科学工业。

2. 功能基因组学

人类基因组计划已开始进入由结构基因组学向功能基因组学过渡、转化的过程。通过功能基因组学的研究，人类将最终了解哪些进化机制已经确实发生，并考虑进化过程还能够有哪些新的潜能。通过对6 000多个单基因遗传病和多种大面积危害人类健康的多基因遗传病的致病基因及相关基因的克隆研究，将对治疗包括肿瘤在内的人类遗传疾病起到巨大的推动作用。

【知识链接】

1. 美国国立生物技术信息中心

http://www.ncbi.nlm.nih.gov/通过这个网站可以查询基因序列。

2. NCBI的在线blast

http://blast.ncbi.nlm.nih.gov/Blast.cgi BLAST程序能迅速与公开数据库进行相似性序列比较。

Project 2

畜禽遗传的基本规律

学习目标

1. 了解性状分离、自由组合、连锁互换的试验现象；解释性状分离现象、自由组合现象、连锁互换现象；掌握分离规律、自由组合规律、连锁互换规律的主要内容及应用；理解数量性状及数量性状遗传参数的概念，掌握遗传参数在生产中的应用。

2. 了解基因突变的概念、原因及突变的应用；理解变异在生物进化中的作用；掌握染色体数目与结构的变异及其在育种实践中的应用。

【学习内容】

任务一　分离规律

一、一对相对性状的杂交试验

性状是生物体形态、结构和生理、生化等特性的统称。我们又可以把性状区分为各个单位，以便加以研究。例如，家畜的毛色、耳型等。这些被区分开的每一具体性状称为单位性状。每一单位性状在不同个体间又有各种不同的表现。例如，牛的毛色有黑色和红色，猪的耳型有立耳和垂耳等。这种同一单位性状的不同表现称为相对性状。

杂交，在遗传学上指的是具有不同遗传性状的个体之间的交配。杂交所得到的后代叫作杂种。

现以猪的毛色杂交试验为例来说明一对相对性状的遗传。

采用纯种的白毛色猪和黑毛色猪杂交，试验过程和结果如图2-1所示，图中的符号"×"代表杂交，它的前面一般写父本，其后写母本，P代表亲本，F_1、F_2分别代表杂种一代和二代，"⊗"代表自群繁育（杂交后代公母畜相互交配）。

P　　白猪　×　黑猪

↓

F_1　　白猪

↓⊗

F_2　　3白色∶1黑色

图2-1　猪的毛色遗传现象

试验发现，纯种的白毛色猪无论是作为父本还是作为母本，F_1杂种全都为白毛色，黑毛色性状似乎是被白毛色性状掩盖了。在杂交时两亲本的相对性状能在子一代中表现出来的叫显性性状，不表现出来的性状称为隐性性状。这样，白毛色对黑毛色是显性性状，黑毛色对白毛色是隐性性状。子一代中不出现隐性性状，只出现显性性状的现象，叫作显性现象。

让子一代（F_1）自群繁育，得到的下一代为子二代即F_2。F_2中既有白毛色猪，也有黑毛色猪。也就是说，在F_2中既出现显性性状，又出现隐性性状，这种现象叫作分离现象。经过统计分析发现：白毛色猪和黑毛色猪的数量比值接近于3∶1。

从上述试验结果我们可以总结出3个特点：

(1)F_1只表现出一个亲本的某个性状，即显性性状。

(2)杂交亲本的相对性状在F_2中又分别出现。

(3)F_2具有显性性状的个体数和具有隐性性状的个体数常表现为一定的分离比例，即接近3∶1。

研究表明，显性现象和分离现象在生物中是普遍存在的。在家畜家禽中还有许多相对性状呈现显隐性关系。常见畜禽若干相对性状的显隐关系如表2-1所示。

表 2-1　常见畜禽若干相对性状的显隐关系

（李婉涛，张京东. 动物遗传育种. 中国农业大学出版社，2011）

畜别	性状	显性	隐性	备注
猪	毛色	白色	有色（黑、黑六白、棕、花斑）	有时 F_1 六白不全
		黑六白	黑色、花斑	
		棕色	黑六白（巴克夏、波中猪）	棕色更深并略带黑斑 F_1 呈不规则黑白花斑
		花斑（华中型）	黑色（华北型）	
		白带（汉普夏）	黑六白	
	耳型	垂耳（民猪）	立耳（哈白）	
		前伸平耳（长白）	垂耳	
		前伸平耳	立耳	
鸡	冠型	玫瑰冠	单冠	
		豆冠	单冠	
		胡桃冠	单冠	
	羽色	白色（来航）	有色	
		芦花	非芦花（白来航除外）	
		银色	金色	
	脚色	浅色	深色	
	羽型	正常羽	丝羽毛	
	脚型	矮脚	正常脚	
	脚毛	有	无	
	蛋壳色	青色	非青色	
牛	毛色	黑色	红色	
		红色（矮脚）	黄色（吉林）	
		黑白花	黄色	
		白头（海福特）	有色头	
	角	无角	有角	
	肤色	黑色	白色	
绵羊	毛色	白色	黑色	个别品种相反，或呈不完全显性，F_1 出现花斑
		灰色	黑色	
马	毛色	青毛	骝毛	
		骝毛	黑色	
		黑毛	栗毛	
		兔褐毛	其他（鼠灰、银灰）	

二、分离现象的理论解释与验证

(一)分离规律的理论解释

亲代雌雄两性配子结合发育成为个体,所以,个体性状的表现必定与配子有关。

(1)假设白毛色猪的雌、雄配子里都有一个白毛色基因,用R表示(一般用大写字母表示具有显性作用的基因)。

(2)假设黑毛色猪的雌、雄配子里都有一个黑毛色基因,用r表示(一般用小写字母表示具有隐性作用的基因)。

(3)在体细胞中基因成对存在,纯种的白毛色猪和纯种的黑毛色猪体细胞中毛色基因型为RR和rr,在配子形成时,成对基因彼此分离,每个配子只得到成对基因中的一个。即白毛色猪的配子中只含有一个R,黑毛色猪的配子中只含有一个r。

(4)白毛色猪与黑毛色猪杂交时,雌雄配子结合,则F_1代为体细胞中含有一个R和一个r的个体(Rr),恢复了基因成对的状态,R和r虽然在一起,但不融合,保持各自的完整性,只不过由于R对r的显性作用,即R控制的性状表现了出来,而r所控制的性状没有表现出来,因此,F_1只表现白色性状,但r因子并没有消失。

(5)当F_1(Rr)形成配子时,这两个因子相互分离,各自进入一个配子,即F_2可形成一种带R、另一种带r的两种配子,且两种配子数目相等,F_1在自群繁殖时,形成的雌雄配子,每种雌、雄性配子结合的机会均等。

(6)在F_2中有3种基因的组合RR、Rr、rr,比数为1∶2∶1。又由于R对r为显性,因此按性状的表现来说,只表现白色和黑色两种,性状分离比数是3∶1(图2-2)。

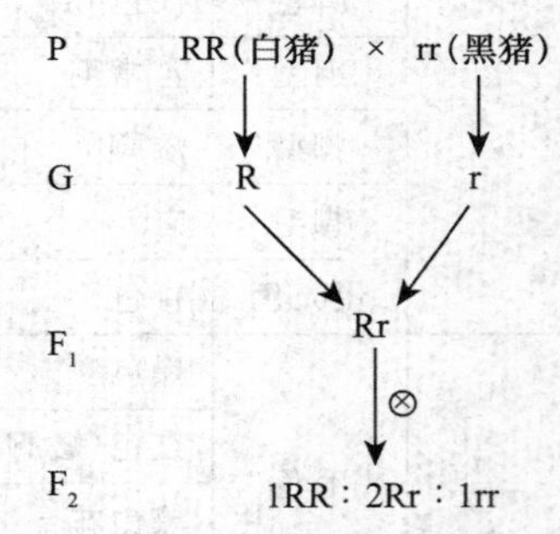

图2-2 一对相对性状遗传分析图

控制相对性状的一对基因称为等位基因(如R和r),它是指在同源染色体上占有相同的位点,控制相对性状的一对基因。成对的基因通常用字母来表示,显性基因用大写字母来表示,隐性基因则用小写字母来表示。人们把成对的等位基因表示的性状或个体的遗传组成方式叫基因型,例如,基因型RR表示白猪,基因型rr则表示黑猪。基因型是肉眼看不到的,只有通过杂交试验才能鉴别。在基因型的基础上表现出来的性状叫作表现型(或称表型)。基因型相同的个体,其表现型一定相同。而表现型相同的个体,其基因型则不一定相同,如F_2代的白毛色猪有两种基因型。一种是RR,另一种是Rr。由相同基因组成的基因型叫纯合体(也叫纯合子),由不同基因组成的基因型叫杂合体(也叫杂合子)。

表现隐形性状的个体,由于基因型是纯合体,所以能够真实遗传,后代不出现性状分离。而表现显性性状的个体,其基因型有纯合体和杂合体两种,所以不一定都能真实遗传,因为杂合体的后代会发生分离现象。

(二)分离规律的要点

(1)遗传性状由相应的等位基因所控制。等位基因在体细胞中成对存在,一个来自母本,一个来自父本。

(2)体细胞内成对等位基因虽然同在一起,但并不融合,各保持其独立性。在形成配子时分离，每个配子只能得到其中之一。

(3)F_1产生不同配子的数目相等，即1∶1。由于各种雌雄配子结合是随机的，即具有同等的机会，所以F_2中等位基因组合比数是1RR∶2Rr∶1rr，即基因型之比为1∶2∶1；显隐性的个体比数是3∶1，即显隐表型之比为3∶1。

(三)分离规律的验证

孟德尔采用测验杂交的方法对假设进行了验证。测验杂交简称测交或回交，就是把F_1和隐性亲本个体交配。孟德尔之所以要使用隐性亲本的理由是：它是纯合体，只能产生一种含隐性基因的配子，这种配子与F_1所产生的两种配子结合，就会产生1/2的显性性状个体和1/2的隐性性状个体。进行测交时，隐性亲本可以用作父本，也可以用作母本，正反测交的结果是一致的，证明符合孟德尔的预期结果。

三、分离比例实现的条件

一对相对性状杂交的遗传规律是：F_1代个体都是表现显性性状，F_1自交产生的F_2代个体表现比例为3∶1。但是这种性状的分离比例，必须在一定的条件下才能实现，条件如下：

(1)用来杂交的亲本必须是纯合体。

(2)显性基因对隐性基因的作用是完全的。

(3)F_1形成的两种配子数目相等，配子的生活力相同，两种配子结合是随机的。

(4)F_2中3种基因型个体存活率相等。

从理论上讲，如果这些条件得到满足，F_2中性状分离比应该是3∶1。但是在实践中，杂交个体形成的雌雄配子数量很大，参加受精的所占比例非常小，所以不同配子受精的机会不能完全相等；另外，合子的发育也受到体内复杂环境条件的影响，因而其比例一般是接近3∶1。如果上述条件得不到满足，就可能出现比例不符的情况。

四、分离规律在畜禽育种实践中的应用

(一)通过分离规律的应用可以明确相对性状间的显隐性关系

在家畜育种工作中，必须搞清楚相对性状间的显隐性关系，例如，我们要选育的性状哪些是显性的，哪些是隐性的，以便我们采取适当的杂交育种措施，预见杂交后代各种类型的比例，从而为确定选育的群体大小、性状提供依据。

(二)判断家畜某种性状是纯合体或杂合体

在畜牧业生产中，常常需要培育优良的纯种，这就需要首先选择出某些性状上是纯合体的种公畜(禽)。例如，在鸡的育种中，如果我们需要矮脚纯合体的种公鸡，而对现有的或引进的矮脚公鸡究竟是纯合体还是杂合体不清楚的话，这时我们可以把这个待检定的矮脚种公鸡与正常脚母鸡(正常脚是隐性)进行交配。交配后代如果全部是矮脚，说明此公鸡是纯合体；否则，就是杂合体。

(三)淘汰带有遗传缺陷性状的种畜

种用畜禽应是没有遗传缺陷的。遗传缺陷性状大多数是受隐性基因控制的，因此在杂合体中表现不出来，这样杂合体就成为携带者，可在畜群中扩散隐性基因。尤其是种公畜(禽)，

如果是携带者，将会给畜牧业带来不可估量的损失。所以在育种工作中，我们不仅要把具有遗传缺陷性状的隐性纯合体淘汰，而且还要采用测交的方法，检测出携带者，并把它们从畜群中淘汰。

分离规律是遗传学中一个最基本的定律。分离规律中所阐述的基因分离理论和测交技术在生产及遗传试验中得到了广泛的应用，且测交方法目前是遗传学试验及动植物育种工作中最基本、最重要的手段之一。

任务二 自由组合规律

分离规律只涉及一对相对性状的遗传，但在动物育种中，经常涉及两对和多对相对性状的杂交，希望通过杂交把双亲的优良性状结合在一起，育成一个比双亲都优秀的新品种。例如，猪的甲品种肉质好但生长速度慢，乙品种肉质一般但生长速度快，因此，可以通过甲、乙两个品种的杂交，育成一个肉质好且生长速度快的新品种。这就有必要了解两对和多对相对性状的遗传规律。孟德尔在研究一对相对性状的遗传现象后，进一步对两对和两对以上相对性状的遗传现象进行了分析研究，发现了遗传的第二个规律——自由组合规律。

一、两对相对性状的杂交试验

例如，纯种的平耳白猪与纯种的立耳黑猪杂交。F_1全部是平耳白猪；F_1代自群繁育得到的F_2共有4种表现型，分别是平耳白猪、平耳黑猪、立耳白猪和立耳黑猪，它们的比数是9∶3∶3∶1(图2-3)。

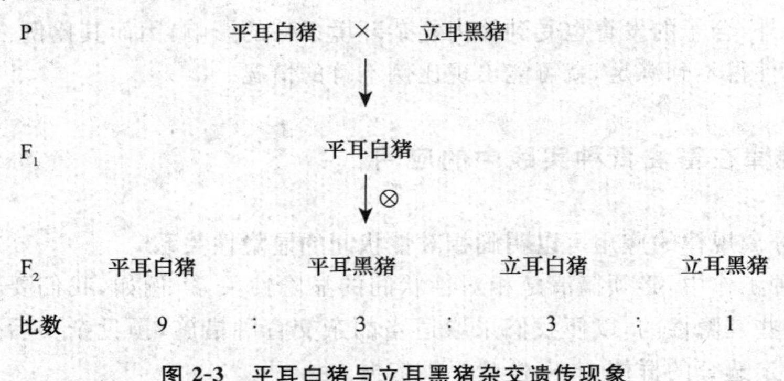

图2-3 平耳白猪与立耳黑猪杂交遗传现象

上述试验结果中，F_2代的4种类型，其中有两种类型是亲本原有性状的组合，即平耳白猪和立耳黑猪，称为亲本型；另外两种类型是亲本原来没有的组合，即平耳黑猪和立耳白猪，称为重组型。

在家畜中也有不少类似的现象。例如牛的黑毛与红毛是一对相对性状；有角与无角是另一对相对性状。从杂交试验得知，黑毛对红毛是显性，无角对有角是显性。让纯合体的黑毛无角的安格斯牛与纯合体的红毛有角的海福特牛杂交，不论谁作父本、母本，F_1全是黑毛无角牛。由F_1群内公母牛交配产生的F_2，也同样分离出4种类型：黑毛无角、黑毛有角、红毛无角、红毛有角。而且4种类型的分离比也符合9∶3∶3∶1。

二、自由组合规律的解释与验证

(一)自由组合规律的解释

(1)假设两对性状是由两对基因控制的,以 Y 和 y 分别代表控制耳形的平耳和立耳的基因,以 R 和 r 分别代表决定颜色的白色和黑色的基因。

(2)已知 Y 对 y 为显性,R 对 r 为显性,平耳白猪的亲本基因型应为 RRYY,立耳黑猪的亲本基因型为 rryy。

(3)根据分离规律,在亲本形成配子时,同源染色体上等位基因分离,即 R 与 R、Y 与 Y 分离,独立分配到配子中去,因此 R 和 Y 组合在一起,只形成一种配子 RY。同样,rr、yy 分离也只组合成一种配子 ry。

(4)杂交后,RY 和 ry 结合形成基因型为 RrYy 的 F_1,由于 R、Y 为显性,所以 F_1 表现型都是平耳白猪。

(5)杂合体的 F_1 自交,在产生配子的时候,按照分离规律,同源染色体上的等位基因要分离,即 Rr 必定分离,Yy 也必定分离而各自独立分配到配子中去,因此两对同源染色体上的非等位基因可以同等的机会自由组合。

(6)R 可以和 Y 组合在一起形成 RY,r 可以和 Y 组合在一起形成 rY;R 也可以和 y 组合在一起形成 Ry,r 也可以和 y 组合在一起形成 ry。

(7)这样子一代 RrYy 可能形成含有 2 个基因的 4 种配子:RY、Ry、rY、ry 配子,而且这 4 种类型配子的数目相等。

(8)雌雄配子各有 4 种不同的类型,且这 4 种类型的雌雄配子结合是随机的。

(9)因此,子二代就应有 16 种组合的 9 种基因型的合子,其表现型将为平耳白猪、平耳黑猪、立耳白猪和立耳黑猪 4 种表现型,而且比率为 9∶3∶3∶1,具体见图 2-4。

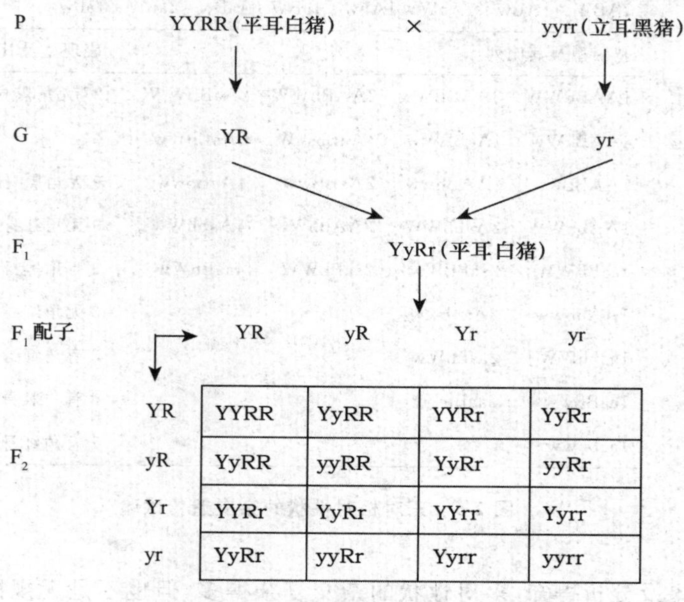

图 2-4　两对相对性状遗传分析图

(二)自由组合规律的要点

(1)位于不同染色体上的两对或两对以上的非等位基因在形成配子时,同一对基因各自独立、互不影响,分别进入不同配子;不同对基因之间的组合是完全自由的、随机的。

(2)雌雄配子在结合时也是自由组合的、随机的。

(三)自由组合理论的验证

自由组合理论能否成立,同样需要采用测交来进行检验,方法是用F_1与纯合体隐性亲本回交。以两对相对性状而言,F_1就应该产生 4 种类型的配子,和隐性纯合体亲本测交时。由于它只产生一种具有隐性基因的配子,因此应该得出 4 种表现型的后代而且数目相等,其比率为 1∶1∶1∶1。测交的结果与预期的完全相符。说明自由组合理论是正确的。

三、多对性状的遗传分析

自由组合规律不但适用于 2 对相对性状的杂交试验,同样也适用于 3 对及 3 对以上的杂交试验结果。举例说明 3 对相对性状的杂交试验。例如:无角黑身有色头牛与有角红身白头牛杂交,F_1全部为无角黑身有色头牛。杂合体F_1可形成 8 种配子类型,根据自由组合规律,F_2产生 8 种表现型,27 种基因型,其遗传方式见图 2-5。

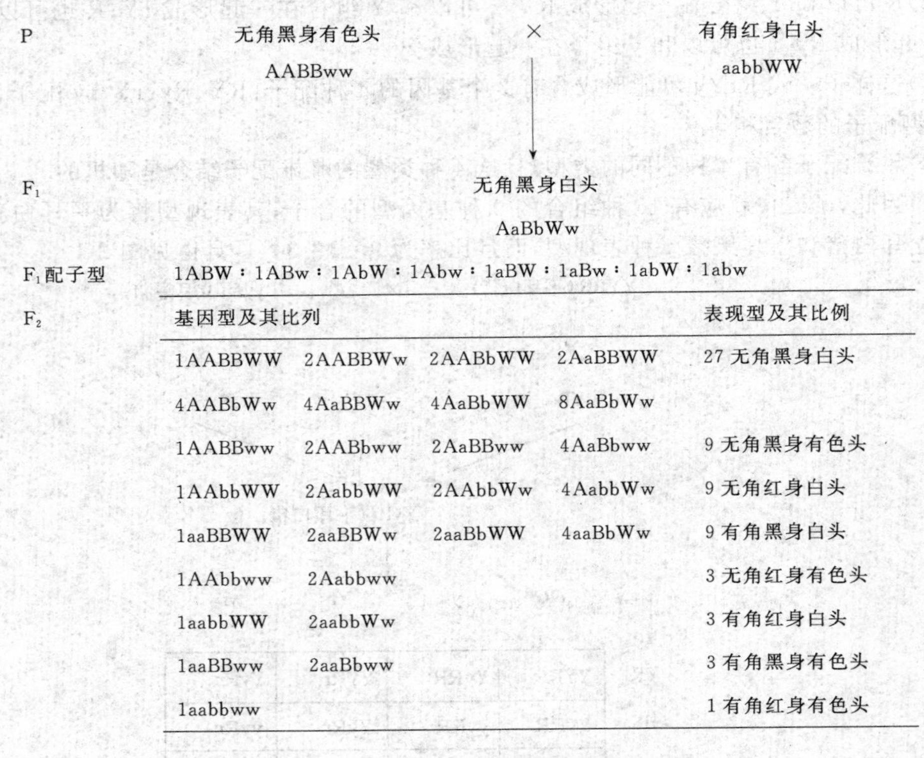

基因型及其比列				表现型及其比例
1AABBWW	2AABBWw	2AABbWW	2AaBBWW	27 无角黑身白头
4AABbWw	4AaBBWw	4AaBbWW	8AaBbWw	
1AABBww	2AABbww	2AaBBww	4AaBbww	9 无角黑身有色头
1AAbbWW	2AabbWW	2AAbbWw	4AabbWw	9 无角红身白头
1aaBBWW	2aaBBWw	2aaBbWW	4aaBbWw	9 有角黑身白头
1AAbbww	2Aabbww			3 无角红身有色头
1aabbWW	2aabbWw			3 有角红身白头
1aaBBww	2aaBbww			3 有角黑身有色头
1aabbww				1 有角红身有色头

图 2-5 三对相对性状的杂交遗传试验

根据试验结果及分析得知,多对性状的杂交复杂得多,但也不是无规律可循,只要各对基因都属于独立遗传的方式,那么在一对基因差别的基础上,每增加一对基因,F_1代产生的配子种类就会增加 1 倍，F_2代的基因型种类增加 2 倍。现将两对以上相对性状的个体杂交，其基因型、表现型、品种数目及其比例的变化，归纳如表 2-2 所示。

表 2-2　多对相对性状杂交基因型与表现型的关系

相对性状的数目	F_1配子种类	F_1配子组合数	F_2基因型	F_2表现型	F_2表现型比例
1	$2^1=2$	$4^1=4$	$3^1=3$	$2^1=2$	$(3:1)^1$
2	$2^2=4$	$4^2=16$	$3^2=9$	$2^2=4$	$(3:1)^2$
3	$2^2=8$	$4^3=64$	$3^3=27$	$2^3=8$	$(3:1)^3$
4	$2^4=16$	$4^4=256$	$3^4=81$	$2^4=16$	$(3:1)^4$
⋮	⋮	⋮	⋮	⋮	⋮
n	2^n	4^n	3^n	2^n	$(3:1)^n$

四、自由组合规律在畜禽育种实践中的意义

自由组合规律描述了多对性状同时遗传时的一种规律，有着极其重要的理论意义与实践意义。

(一)为生物界多样性提供了重要的遗传机制

一个物种可以有几十亿个个体，很难见到两个完全相同的个体，为什么自然界有那么多的变异？这是因为自由组合规律起着重要的作用。在完全显性遗传时，两对相对性状个体杂交的子代有 $2^2=4$ 种表现型，四对相对性状个体杂交的子代有 $2^4=16$ 种表现型，二十对相对性状个体杂交的子代，其表现型为 $2^{20}=1\ 048\ 576$ 种。由于生物体由大量的性状组成，据估计，家畜和人的基因都有几万个，这样就会形成无数的变异类型。

(二)提高生物适应环境的能力，有利于物种生存。

自由组合创造的大量生物，是长期自然选择的结果，环境条件在不断变化，地球上自出现生命以来，已经发生了多次大的变动，海陆变迁，冰河时代对地球上的生命造成了致命性的冶击，曾经昌盛一时的恐龙在地球上突然绝迹。就是在地球生态条件相对稳定时期，也有许多变异因素，而生物体的变异有利于对环境的适应。

譬如鹿有以下 3 种类型的个体：

(1)腿短—体重—速度慢—持久性好—抗病—适应性较强。

(2)腿长—体轻—速度快—持久性差—不抗病—适应性好。

(3)腿长—体轻—速度快—持久性好—不抗病—适应性差。

在恶劣的自然条件下，第二种类型有利于生存，当天敌危害严重时，第三种个体有利于生存，在疾病大暴发的年份，第一种类型有利于生存。这三种类型都适应于一定的环境，由于性状的相关性，这许多优点不能集中在同一个体，自由组合规律可以把这些基因组合成不同的基因型，来适应多变环境。

(三)培育畜禽新品种

育种工作经常需要把两个品种的优良性状结合起来，形成一个具有两个或多个品种优点的新品种。这种设想与实践，在自由组合规律的作用下，有可能实现，在世界育种史中有

许多这样的例子。

在畜禽育种工作中，应用自由组合规律，选择具有不同优良性状的品种或品系进行重新组合，逐步使之纯化，可以培育出符合育种要求的优良新品种或品系。例如，猪的一个品种适应性强，但生长速度慢，另一个品种生长速度快，但适应性差，让这两个品种杂交，在杂种后代中就有可能出现既生长速度快，又适应性强的类型。通过选择，就有可能育成新品种。

任务三 连锁互换规律

染色体是基因的载体，但是，任何生物染色体的数目都是有限的，而生物体的性状有成千上万个，决定这些性状的基因也有成千上万个，因此每条染色体上必然聚集着成群的基因。位于同一对同源染色体上的基因称为一个基因连锁群。例如，普通果蝇的染色体是4对，已知的基因有500个以上，人类的染色体是23对，而基因数目有3万个左右，这些都说明了基因的数目大大超过了染色体的数目。显然，位于同一条染色体上的基因，将不可能进行独立分配，它们必然随着这条染色体作为一个共同单位而传递，从而表现了另一种遗传现象，即连锁遗传。美国生物学家与遗传学家摩尔根在孟德尔之后，用果蝇作试验材料，揭示了这一重要的遗传现象。

一、连锁与互换

（一）完全连锁

同一条染色体上的基因构成一个连锁群，它们在遗传的过程中不能独立分配，而是随着这条染色体作为一个整体共同传递到子代中去，这就叫作完全连锁。在生物界中完全连锁的情况是很少见的，典型的例子是雄果蝇和雌家蚕的连锁遗传，现以果蝇为例来说明。

果蝇的灰身(B)对黑身(b)是显性，长翅(V)对残翅(v)是显性。用纯合体的灰身长翅雄果蝇与纯合体的黑身残翅雌果蝇杂交，F_1全部是灰身长翅(BbVv)。用F_1中的雄果蝇与双隐性亲本雌果蝇进行测交，按照分离规律和自由组合规律，F_1雄果蝇应产生BV、Bv、bV、bv 4种精子，双隐性雌果蝇只产生一种bv卵子，因此测交后代应该出现灰身长翅、灰身残翅、黑身长翅、黑身残翅4种类型，而且是1∶1∶1∶1的比例。可是试验的结果与理论分离比数不一致，后代只出现灰身长翅和黑身残翅两种亲本型果蝇，其数量各占50%，并没有出现灰身残翅和黑身长翅的果蝇。这表明F_1形成的精子类型可能只有BV和bv两种，两对基因之间没有重新自由组合。如何解释这个问题呢？

假设B和V这两个基因连锁在同一条染色体上，用符号BV来表示，b和v连锁在另一条对应的同源染色体上，用符号bv来表示。如果用纯合体灰身长翅果蝇与纯合体黑身残翅果蝇杂交，F_1是灰身长翅果蝇。用F_1雄果蝇再与隐性亲本雌果蝇测交时，由于杂合的F_1代雄果蝇在形成配子时只能产生两种配子(BV和bv)，雌果蝇只产生一种配子(bv)，所以测交后代只有灰身长翅和黑身残翅两种类型，比例是1∶1。这就是完全连锁的遗传特点，如图2-6所示。

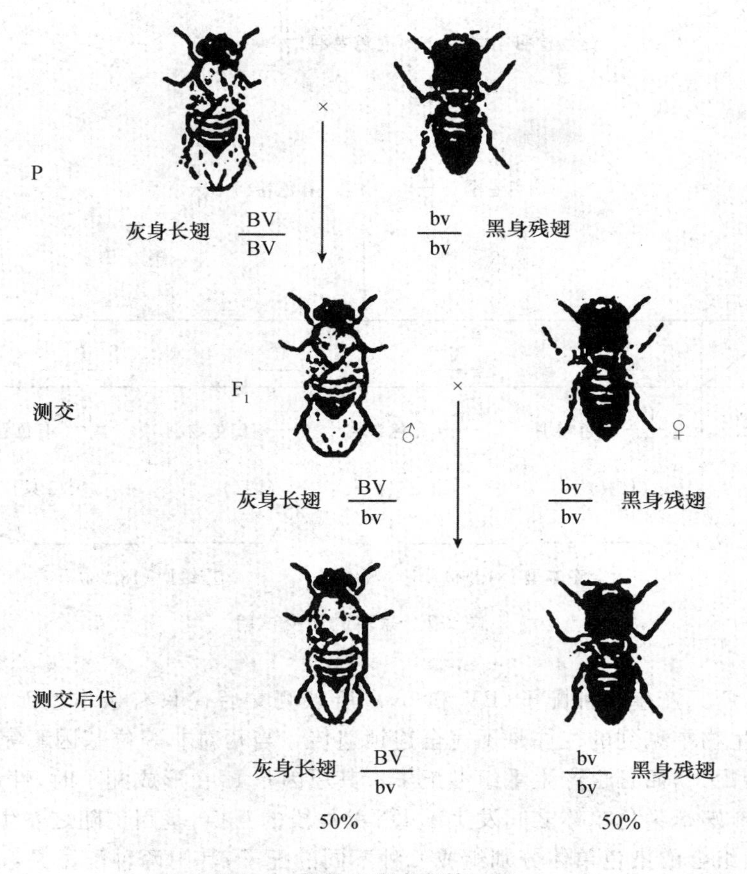

图 2-6 雄果蝇完全连锁图解

(二)不完全连锁(互换)

不完全连锁指的是连锁的非等位基因,在形成配子的过程中发生了交换,这样就出现了和完全连锁不同的遗传现象。

在家鸡中有一种白色卷羽鸡。试验得知,鸡羽毛的白色(I)对有色(i)为显性,卷羽(F)对常羽(f)为显性。用纯合体白色卷羽鸡(IIFF)与纯合体有色常羽鸡(iiff)杂交,F_1全部是白色卷羽鸡,用F_1代母鸡与双隐性亲本公鸡进行测交,产生了4种类型的后代,其比例数不是预期的1∶1∶1∶1,而是亲本型大大超过重组型,如图2-7所示。

从图2-7可以看出,F_1形成的4种类型的配子数目确实是不相等的,亲本型(白色卷羽和有色常羽)个体数占81.8%,重组型(白色常羽和有色卷羽)个体数只占18.2%。我们知道,在自由组合情况下,亲本型和重组型应该各占50%,或者说4种类型配子各占25%,上述测交的结果与这个理论数相差很大。现在的问题是F_1所产生的4种类型的性细胞数目为什么不相等?为什么亲本型性细胞总是出现的多,而重组型性细胞总是要少些呢?这要从基因和染色体的关系上来寻求答案。

我们知道,染色体是基因的载体,每一条染色体上必定有许多基因存在。存在于同一条染色体上的非等位基因,在形成配子的减数分裂过程中,如果没有发生交叉互换,就会出现完全连锁遗传的现象。例如上述雄果蝇的测交试验,由于B和V连锁在一起。b和v连锁

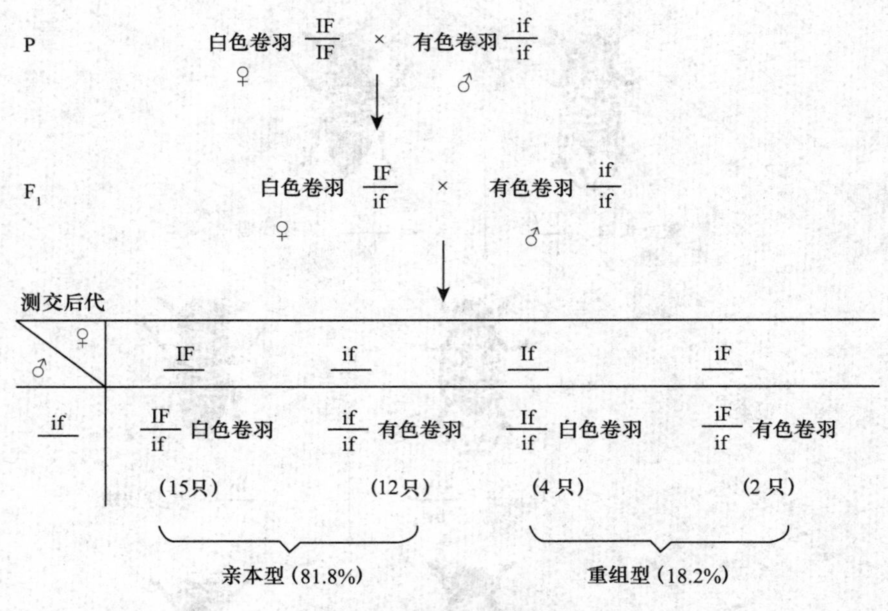

图 2-7　家鸡的测交试验

在一起,因此,F_1只产生两种配子(BV 和 bv),所以测交后代只有亲本型而没有重组型。但是,在大多数生物中见到的往往是不完全连锁遗传。当两对非等位基因不完全连锁时,F_1不但产生亲本型配子,而且也产生重组型配子。其原因是F_1在形成配子时,性母细胞在减数分裂的粗线期,非姊妹染色单体之间发生了 DNA 片段的互换,基因也随之发生了互换,由此形成的 4 种基因组合的染色单体分别组成 4 种不同的配子,其中两种配子是亲本型组合,两种是重组型组合。

二、交换率及其测定

交换率也叫重组值,是指重组型个体数占测交后代总数的百分比。或重组型配子数占总配子数的百分比。

$$交换率=\frac{重组型配子数}{总配子数}\times100\%=\frac{重组型配子数}{重组型配子数+亲本型配子数}\times100\%$$

从公式可看出,如果两个基因间连锁程度越强,则重组型配子出现得越少,那么交换率也越小,所以交换率与连锁强度呈反比,即交换率越小,连锁程度越强;反之,交换率越大,连锁程度越弱。

交换率可作为衡量连锁程度的指标,交换率的大小在 0～50%,最大为 50%,最小为 0。当交换率为 0 时,表示完全连锁;当交换率为 50%时,表示两对基因是自由组合的,当交换率大于 0 而小于 50%时,表示不完全连锁。

三、连锁互换规律的意义

连锁基因间的互换以及基因间的自由组合,是造成不同基因重新组合从而出现新的性状类型的两大重要原因，是自然界生物发生变异的主要来源。由基因交换和自由组合所造成的基因重组在生物进化史中具有重要意义，它提供了生物变异的多样性，有利于生物的发展。另外，基因重组还为我们的选种提供了理论依据和原始材料。

根据连锁互换规律，可以进行基因连锁群的测定及基因的定位。这样不仅使染色体理论更趋于完整，而且对进一步开展遗传试验和育种试验具有重要的指导意义。

了解由于基因连锁造成的某些性状间的相关性，可以根据一个性状来推断另一个性状，特别是当知道了早期性状和后期性状之间的基因连锁关系后，就可以提前选择所需要的类型，大大提高了选择效率。

任务四　性别决定与伴性遗传

生物体普遍存在着性的差异。在有性生殖的动物群体中，包括人类，雌雄性别之比大都是1∶1。这是一个典型的一对基因杂合体测交后代的比例，说明性别和其他性状一样，也和染色体及染色体上的基因有关。但生物的性别是一个十分复杂的问题，因此，性别决定也因生物的种类不同而有很大的差异。在多数二倍体真核生物中，决定性别的关键基因位于一对染色体上，这对染色体称为性染色体，除此之外的染色体称为常染色体。常染色体的各对同源染色体一般都是同型的，但性染色体却有很大的差别，它是动物性别决定的基础。

一、性别决定理论

（一）性染色体决定性别理论

动物的性染色体类型常见的有XY、ZW、XO和ZO 4种类型，分别见于各个门、纲、目、科中。

（1）XY型。包括人类在内的全部哺乳动物、某些两栖类、硬骨鱼类、昆虫等的性染色体属于这种类型。雌性是一对形态相同的性染色体，用符号XX表示；雄性只有一条X，另一条比X小，并且形态也有很大不同，用符号Y来表示，因此，雄性是XY。

（2）ZW型。家禽（如鸡、火鸡、鸭、鹅等）和全部鸟类、若干鳞翅目类昆虫、某些鱼类等的性染色体属于这种类型。这种类型的性别决定方式刚好和XY类型相反，雌性为异型性染色体，雄性为同型性染色体。为了和XY相区别，用Z和W代表这一对性染色体，雌性用符号ZW表示，雄性用符号ZZ表示。

（3）XO型和ZO型。许多昆虫属于这两种类型。在XO型中，雌性是XX；雄性只有一条X染色体，没有Y染色体，用XO代表。在ZO型中，雌性只有一条Z染色体，用ZO表示；雄性是两条性染色体，用ZZ表示。

（二）其他类型的性别决定

1.染色体倍数决定性别

雌性是二倍体，雄性是单倍体的性别决定叫单倍体型。如蚂蚁、蜜蜂、黄蜂等膜翅目昆虫。以蜜蜂为例，蜜蜂分工很细，有蜂王、工蜂、雄蜂，蜂王与工蜂的染色体数为$2n=$

32，是二倍体，由受精卵发育而成，而雄蜂的染色体数为 $n=16$，是单倍体，由未受精卵发育而成。在一窝蜂中，蜂王只有一只，又肥又大，寿命 4～5 年，有生育能力，当它与雄蜂交配后，雄蜂就死亡，蜂王得到了足够一生用的精子。整天忙忙碌碌的工蜂也是雌蜂，但它是不育的，其寿命只有 1.5～2 个月，它的任务是采集花蜜，喂养幼蜂，教幼蜂如何寻找花源。

同是受精卵发育成的蜂王与工蜂，蜂王可育，工蜂不育，主要靠环境即食用蜂王浆的天数与质量来决定，吃 2～3 d 蜂王浆且质量差就发育成工蜂，吃 5 d 以上蜂王浆且质量好就发育成蜂王。蜂王浆是工蜂头部的一些腺体（上腭腺）产生的，它是属于激素性质，因此小孩不宜喝。

蜂王所产下的卵有少数是不受精的，这些卵经孤雌生殖就发育成雄蜂，染色体数是单倍的（$n=16$），大部分卵经过受精发育成雌蜂，为二倍体（$2n=32$），这就是由受精与否来决定性别。

2.环境决定性别

如海生蠕虫后螠，后螠雌雄个体大小差异悬殊，雌虫长 5 cm 左右，体形像豆芽，有一个长吻，吻的顶端分叉，雄虫小，仅为雌虫的 1/500，无消化器官，寄生在雌虫的子宫内。成熟的后螠在海里产卵，发育成不具性别的幼虫，如果幼虫落到海底，则发育成雌虫，如果落到雌虫的口吻上，就发育成雄虫，如果把落到雌虫口吻上的幼虫取下来，让它在离开雌虫的条件下继续发育，就成为中间性，而且雄虫发育的程度由它们在口吻上居留的时间长短决定，这就是环境决定性别。据说雌虫口吻上由一种类似激素的化学物质，它有力地影响幼虫的性分化。

3.基因决定性别

正常玉米是雌雄同株植物，雄花序由显性基因 Ts 控制，雌花序由显性基因 Ba 控制，基因型为 Ts_Ba_，若 Ba 突变为 ba，Ts_baba 的植株则不长雌花而变成雄株，若 Ts 突变为 ts，tstsBa_的植株则在雄花序部位长出雌花序来，通过受精可结出种子，成为雌株，所以雄株基因型为 Ts_baba，雌株基因型为 tstsBa_，基因型为 tstsbaba 的植株在长雄花序的地方长出雌花序变成雌株。性别就由 Tsts 的分离决定。

4.性指数决定性别

性指数指 X 染色体数与常染色体组数的比值，如果蝇，由性指数来决定性别。正常雌蝇 XX：性指数 $=2/2=1$，正常雄蝇 XY：性指数 $=1/2=0.5$，性指数 $\geqslant 1$，为雌蝇，性指数 $\leqslant 0.5$，为雄蝇，$0.5\leqslant$ 性指数 $\leqslant 1.0$，为中间性。

（三）性别决定

生物类型不同，性别决定的方式也往往不同。XY 型染色体，当减数分裂形成生殖细胞时，雄性产生两种类型的配子，一种是含有 Y 染色体的 Y 型配子，另一种是含有 X 染色体的 X 型配子，两种配子的数目相等，雌性只产生一种含有 X 染色体的卵子。受精后，若卵子与 X 型精子结合形成 XX 合子，则将来发育成雌性；若卵子与 Y 型精子结合形成 XY 合子，则将来发育成雄性，Y 染色体决定着个体向雄性方向发育。人的 XY 型性别决定如图 2-8 所示。

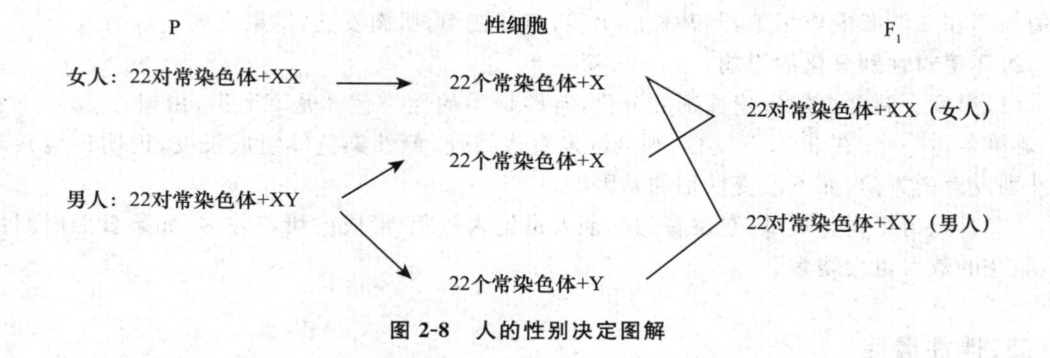

图 2-8　人的性别决定图解

ZW 型与 XY 型相反，雄体只产生一种含 Z 染色体的 Z 型精子，而雌体可产生两种类型卵子，一种是含有一条 Z 染色体的 Z 型卵子，另一种是含有一条 W 染色体的 W 型卵子，两种卵子的数目相等。通过受精，若 Z 型卵子与 Z 型精子结合形成 ZZ 合子，则将来发育成雄体；若 W 型卵子与 Z 型精子结合形成 ZW 合子，则将来发育成雌体。

各种两性生物中，雌性和雄性的比例大致接近 1∶1，其原因在于雄性（或雌性）个体可产生两种类型配子，而雌性（或雄性）个体只产生一种类型配子。这种比数和一对相对性状杂交时，F_1 的测交后代比数完全相同。

（四）性别分化

性别分化是指受精卵在性别决定的基础上，进行雄性或雌性性状分化和发育的过程。但是，性别的分化和发育都是受到机体内外环境条件的影响。当环境条件符合正常性别分化的要求时，就会按照遗传基础所规定的方向分化为正常的雌雄体；如果不符合正常性别分化的要求时，性别分化就会受到影响，从而偏离遗传基础所规定的性别分化方向。

1. 性反转与性激素的作用

受精的一刹那性染色体组成已经确定，但在一定条件下还可以出现性反转现象。即由雄变雌或由雌变雄的现象，性反转现象是性激素影响性别发育的最生动现象。

如鸡的性反转，产过蛋的正常母鸡，有时会变成有生育能力的公鸡，可以长出雄性鸡冠，能鸣叫，还能与母鸡交配。这是由于许多动物的胚胎具有雌雄两种生殖腺，它们向雌性方向分化，还是向雄性方向分化，分别受雌性激素或雄性激素的影响。若左侧一个性腺分化成卵巢，则右侧的那一个就被卵巢所分泌的雌性激素压制而处于不育的痕迹状态，该痕迹状态的原始性腺倾向于发育成精巢。产过蛋的正常母鸡，由于某种原因卵巢退化，使先前处于退化状况的精巢发育起来，同时产生雄性激素，母鸡的性征则逐渐被公鸡的性征所代替，最后变成了可育的公鸡。性反转只是表型的反转，性染色体组成并不变，鸡的性反转只有母鸡变公鸡。

人类中也有性反转，但多为女变男。一般认为，发生女变男的原因之一是具有 XY 染色体的男性，其常染色体上的 5-α 还原酶基因暂时失去功能造成的，当 XY 婴儿的 5-α 还原酶基因因某种原因不能产生 5-α 还原酶或此酶的活性减退时，其睾丸产生的睾丸酮不能代谢为二氢睾酮或二氢睾酮含量很低，结果，男性外生殖器的原基由于缺少二氢睾酮激素作用，从而使本应发育为男性外生殖器的原基，转而发育为同女性极为相似的外生殖器，因此常被当成“女孩”来抚养，到青春期，由于某种原因，睾丸酮可正常地转化为二氢睾酮激素，于是女性的外阴在二氢睾酮作用下，阴蒂长成阴茎，声音变粗，肌肉发达，结果女人变成男人。

2.环境对性别分化的影响

(1)温度。温度也能影响性别的分化，有些蛙类的性染色体是XY型，蝌蚪在20℃下发育，雌雄各占一半，在30℃下发育，则全部发育成雄蛙，但性染色体组成没变，说明环境只改变性别发育的方向，而不改变性别的基因型。

(2)日照与肥料。黄瓜，在发育的早期大量施入氮肥，形成的雌花较多，如果日照时间缩短，雌花的数目也会增多。

二、伴性遗传

性染色体是性别决定的主要遗传物质，性染色体上也有某些控制性状的基因，这些基因伴随着性染色体而传递。因此，这些基因所控制的性状，在后代的表现上，必然与性别相联系。在遗传学上，把性染色体上基因的遗传方式称作伴性遗传(性连锁遗传)。两性生物体中，不同性别的个体所带有的性染色体是不同的，因此，伴性遗传和常染色体遗传也是不同的。常染色体遗传没有性别上的差别，而伴性遗传则有如下特点：性状分离比数与常染色体基因控制的性状分离比数不同；正反交结果不一样，表现为交叉现象；两性间的分离比数也不同。现举例说明如下：

(一)XY型伴性遗传方式

普通果蝇就属于XY型伴性遗传。普通果蝇的白眼是由野生型红眼突变来的，控制眼色的基因在X染色体上，白眼是隐性遗传。用白眼雌蝇与红眼雄蝇交配，子一代雌蝇全是红眼、雄蝇全是白眼；在子二代的每个性别中红眼、白眼各占一半。相反，若用红眼雌蝇与白眼雄蝇交配，则子一代不论雌雄全为红眼，子二代中雌性全为红眼，雄性中红眼和白眼各占一半，如图2-9所示。

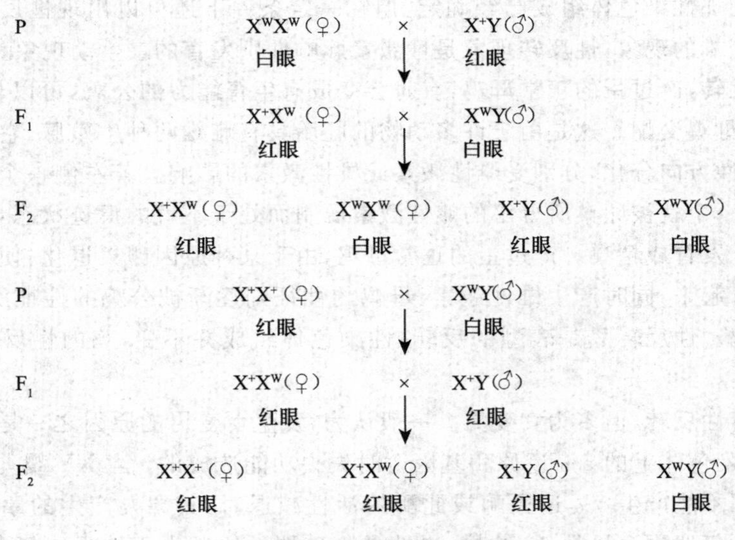

图2-9 果蝇的伴性遗传

到目前为止，伴性遗传性状在家畜中发现的不多，研究也较少，且所发现的大多是有害基因或致死基因。在人类中，已发现有100多种伴性遗传性状，大多也是有害基因。人类中典型的伴性遗传是红绿色盲的遗传。红绿眼色盲不能分辨红色和绿色，控制红色色盲和绿色色盲的两个基因为隐性，位于X染色体上，由于它们相距很近，联系紧密，并常共同遗传，所以就把它们合在一起并用X^b表示，正常眼用X^B表示。现以正常女人与色盲男人结婚为例解释色盲性状的遗传情况（图2-10）。

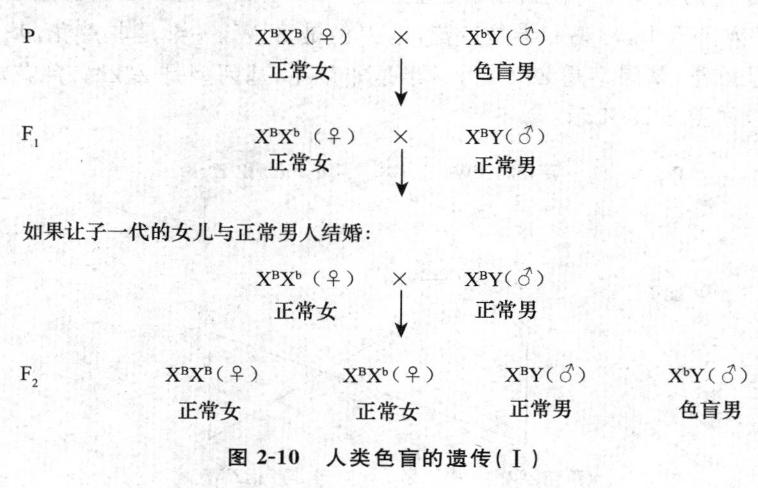

图 2-10 人类色盲的遗传（Ⅰ）

如图2-10所示，如果让正常女人和色盲男人的女儿与正常男人结婚，你们在他们的后代当中，女儿全部正常，但有一半携带隐性色盲基因；儿子中一半正常，一半是色盲。

如果色盲女人和正常男人结婚，那么色盲遗传就发生了变化。如图2-11所示：色盲女人和正常男人结婚后，其后代中女儿都是正常，但都携带隐性色盲基因；儿子全部是色盲。如果让正常女儿和色盲男人结婚，那么F_2中女儿和儿子中正常眼和色盲各占一半。

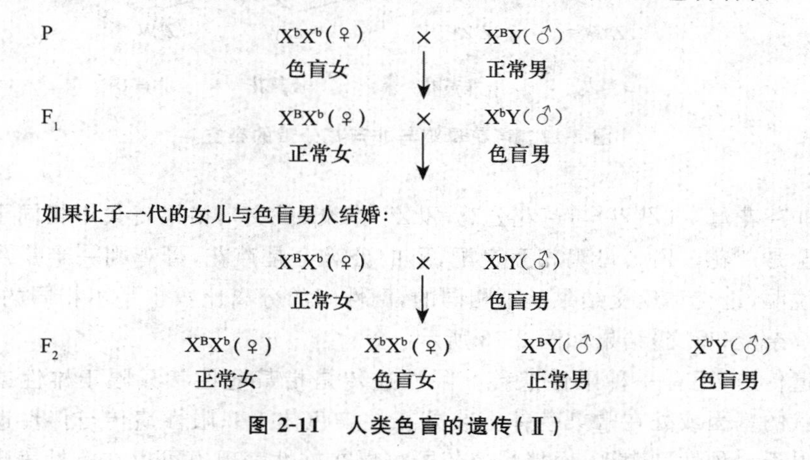

图 2-11 人类色盲的遗传（Ⅱ）

从以上果蝇、人类色盲的遗传例子可以看出，伴性遗传正反交的结果是不一致的。

（二）ZW型伴性遗传方式

ZW型伴性遗传方式从杂交结果和按显隐性性状与性别的关系来看，恰好与XY型相反。芦花鸡的毛色遗传是伴性遗传。

芦花鸡的绒羽为黑色，头上有白色斑点，成羽有横斑，是黑白相间的。如果用芦花母鸡与非芦花公鸡交配，得到的 F_1 中，公鸡都是芦花，而母鸡都是非芦花。让 F_1 自群繁殖，产生的 F_2 中，公鸡中一半是芦花，一半是非芦花，母鸡也是如此。这个遗传现象如何解释呢？可假设芦花基因(B)对非芦花基因(b)为显性，B 和 b 这对基因位于 Z 染色体上，常用 Z^B 和 Z^b 来表示，在 W 染色体上不携带它的等位基因。这样，芦花母鸡的基因型是 Z^BW，非芦花公鸡的基因型为 Z^bZ^b。两者交配，F_1 公鸡的羽毛全是芦花，基因型是 Z^BZ^b，母鸡的羽毛全是非芦花，基因型是 Z^bW。F_2 中，母鸡一半是芦花，基因型是 Z^BW，一半是非芦花，基因型是 Z^bW；公鸡的一半也是芦花，基因型是 Z^BZ^b，另一半是非芦花，基因型是 Z^bZ^b。芦花母鸡与非芦花公鸡杂交(正交)如图 2-12 所示。

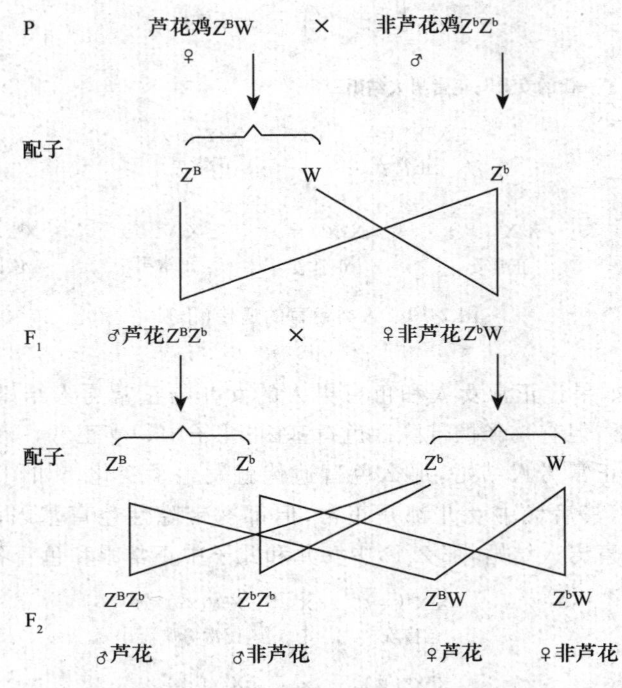

图 2-12 芦花母鸡与非芦花公鸡的杂交

如果以非芦花母鸡(Z^bW)与芦花公鸡(Z^BZ^B)杂交(反交)，结果就大不相同了，F_1 公鸡和母鸡的羽毛全是芦花。F_1 公母鸡相互交配，F_2 的公鸡全是芦花，母鸡则一半是芦花，一半是非芦花。这说明，正交和反交结果是不相同的，两性间的分离比数也是不相同的。非芦花母鸡与芦花公鸡杂交(反交)结果如图 2-13 所示。

除伴性遗传外，还有一种限性遗传。限性遗传是指某些性状只限于雄性或雌性表现。控制这些性状的基因或处在常染色体上或处在性染色体上。限性遗传与伴性遗传不同，限性遗传只局限于一种性别表现，而伴性遗传既可以在雄性表现也可以在雌性表现，只是表现的频率有所不同。限性遗传的性状多与性激素的存在与否有关。例如，哺乳动物雌性有发达的乳房、公孔雀有美丽的尾羽、母鸡产蛋、公畜阴囊疝等。限性性状是一个普通名词，它既可以指极为复杂的单位遗传性状，例如公畜的隐睾症或单睾症，也可以指极为复杂的性状综合体，例如产仔性状、产蛋性状、泌乳性状等。由此可知，控制限性性状的基因极为复杂。

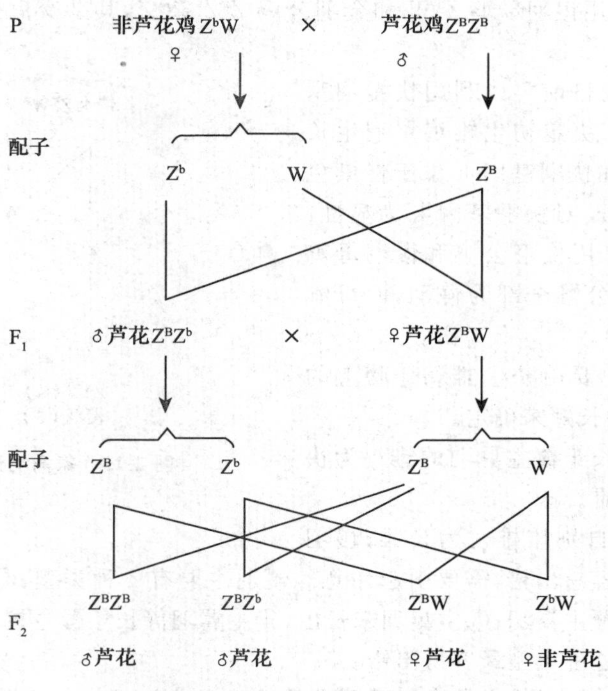

图 2-13　非芦花母鸡与芦花公鸡杂交

另外,还有一种从性遗传或叫性影响遗传,决定从性遗传的基因称为从性基因,一般位于常染色体上,由从性基因控制的性状称为从性性状(又称影响性状)。从性性状是指那些在雌性为显性,在雄性为隐性,或在雄性为显性,在雌性为隐性的性状。从性性状在两个性别中都可以得到表达,但同一基因的表达在不同的性别中显隐性关系不同。例如,陶赛特公母羊都有角,其基因型为 HH,雪洛夫羊公母羊都无角,其基因型为 hh。这两种羊杂交,F_1 基因型为 Hh,则公羊有角,而母羊无角,这表明 H 在公羊为显性,而 h 在母羊为显性,而且正反交结果完全相同。

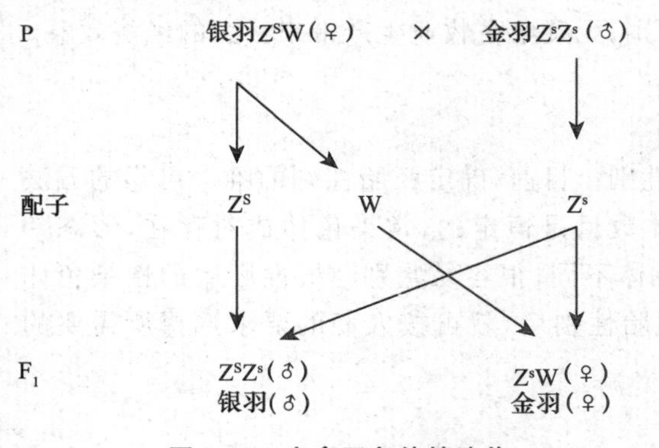

图 2-14　家禽羽色伴性遗传

(三)伴性遗传在生产上的应用

伴性遗传原理在养鸡业中被广泛应用。鸡的 Z 染色体较大,包含的基因较多,已有 17 个基因位点被精确定位于 Z 染色体上,其中有 3 对伴性性状(慢羽对快羽、芦花羽对非芦花羽、银色羽对金色羽)在育种中被用来进行初生雏鸡的自别雌雄,例如:用芦花母鸡和非芦花(洛岛红)公鸡杂交,在 F_1 雏鸡中,凡是绒羽为芦花羽毛(黑色绒毛,头顶上有不规则的白色斑点)的为公鸡,全身黑色绒毛或背部有条斑的为母鸡。

褐壳蛋鸡商品代目前几乎全都利用伴性基因——金银色羽基因(s/S)来自别雌雄,银羽(S)对金羽(s)显性,用银羽母鸡 Z^SW 和金羽公鸡 Z^sZ^s 杂交,其杂交模式如图 2-14 所示。

由图 2-14 可知，用银羽母鸡 Z^SW 和金羽公鸡 Z^sZ^s 杂交，其杂交后代母雏全为金羽，公雏全为银羽。

褐壳蛋鸡父母代目前可以利用快慢羽基因鉴别来自别雌雄。决定初生雏鸡翼羽生长快慢的慢羽基因 K 和快羽基因 k 位于性染色体上，而且慢羽基因 K 对快羽基因 k 为显性，属于伴性遗传性状。用快羽公鸡和慢羽母鸡杂交，所产生的子代公雏全部为慢羽，而母雏全部为快羽(图 2-15)。

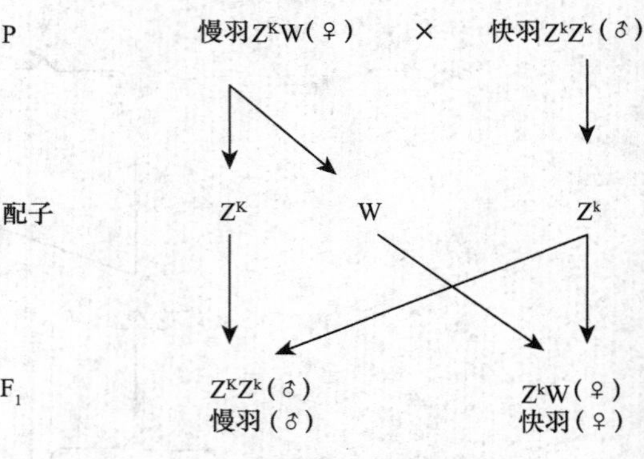

图 2-15　家禽羽速伴性遗传

快慢羽的区分主要由初生雏鸡翅膀上的主翼羽和覆主翼羽的长短来确定。

(1)主翼羽明显长于覆主翼羽的雏鸡为快羽，自别雌雄时为母雏。

(2)慢羽在羽速自别雌雄时为公雏，慢羽的类型比较多，有时容易出错，需要引起注意。慢羽主要有 4 种类型：①主翼羽短于覆主翼羽；②主翼羽等长于覆主翼羽；③主翼羽未长出；④主翼羽等长于覆主翼羽，但是前端有 1～2 根稍长于覆主翼羽，这种类型最容易出错。

上述羽色、羽速自别雌雄必须在以下两个条件下才成立：

(1)杂交的父本必须是隐性纯合体。

(2)杂交的母本为显性基因，反交不成立。

三、性别控制

在畜牧业生产中，因为畜禽性别不同，生产性能大不相同，如母牛产奶，公牛体格大，奶牛饲养者总希望所养的母牛多产母犊，而肉牛饲养者则希望多产公犊等，从受性别限制和影响的性状上获益，无疑是畜牧生产上不言而喻的事实，就促使人们尝试进行控制性别，以提高生产效益。按照饲养者的意愿控制畜禽的性别，无疑给畜牧业生产带来巨大的经济效益。

(一)性别控制的途径

1.胚胎移植时的性别控制

欲获得所需的性别，需尽早地确定胚胎的性别。目前，确定胚胎性别的唯一可靠的方法是通过性染色体鉴别性别。各种家畜的染色体数目是恒定的，常染色体成对存在，形态一致，很难区别，而两条性染色体的形态与常染色体不同，很容易鉴别。雄性胚胎的性染色体为 XY，雌性胚胎的性染色体为 XX。鉴别出胚胎性别后，就可按人们的要求选择所需要的某一性别的胚胎进行移植。

2.人工授精时的性别控制

随着人工授精技术的应用和发展，对精子的研究广泛开展，发现 X 精子和 Y 精子存在细微的生物学差异，它们在形态、精子的种类和比重、精子表面电荷、运动性、抗原性及 Y 精子的 F-小体等均存在差异。首先将 X、Y 精子分离，然后进行人工授精从而达到性别控制的目的。

(二)性别控制的方法

家畜性染色体组成是雄性为XY型、雌性为XX型。由X精子组成的受精卵成为雌性，由Y精子组成的受精卵成为雄性。所以性别控制在受精时决定，而且主要由X、Y精子。这种情况下控制性别最有效的方法是分离出X、Y精子，然后按照人们的期望仅用某种精子受精。目前可以用沉降法、密度梯度离心法、电泳分离法、免疫学方法等方法分离X、Y精子。

任务五　遗传规律的发展

生物的遗传现象是复杂的。20世纪以来，科学家通过杂交试验，发现某些性状的遗传，并不完全符合孟德尔定律。经研究发现，这些遗传现象并不是否定了孟德尔定律，而是对它的延伸和补充。

一、等位基因的互作

(一)完全显性

孟德尔的分离规律试验中，所得到的F_1代只表现显性性状，这是因为等位基因中显性基因完全抑制了隐性基因的表现，等位基因间的这种作用，称为完全显性作用。在完全显性的作用下，杂合体与显性纯合体在表现型上没有区别，而且在F_1群体中只出现显性性状，F_2中表现3∶1的分离比例。

(二)不完全显性

前面凡讲到一个基因对其等位基因表现显性时，指的都是完全显性。在完全显性的作用下，F_1代只出现显性性状，F_2中表现3∶1的分离比例。但是在某些情况下，等位基因之间的显隐关系并不是那么简单、那么严格。有的等位基因的显性仅仅是部分的、不完全的，这种情况称为不完全显性，有以下几种情况：

1.镶嵌型显性

镶嵌型显性是指显性现象来自两个亲本，两个亲本的基因作用，可以在不同部位分别表示出非等量的显性。例如，短角品种牛，毛色有白色的，也有红色的，都是纯合体，能真实遗传。这两种类型的牛交配后，后代很特别，既不是白毛，也不是红毛，而全部是沙毛(即红毛和白毛相互混杂)。再让子一代沙毛牛相互交配，生下的子二代有1/4的个体是白毛，2/4是沙毛，1/4是红毛，性状分离比例呈现1∶2∶1，而不是3∶1。这似乎与分离规律不符，其实是更加证明了分离规律的正确性。假定白毛牛的基因型为WW，红毛牛的基因为ww，则子一代的基因型为Ww，现子一代的表现型为沙毛，因此我们可以假定W与w之间的显隐关系不是那么严格，它们既不是完全明确的显性，也不是完全的隐性，也就是说它们都在发生作用。再让子一代Ww个体互相交配，根据等位基因必然分离的原理，子一代可形成W和w两种配子，那么子二代就有三种基因型，即WW、Ww、ww，呈现1∶2∶1的比数，根据上面的假定其表现型及其比例为1白毛∶2沙毛∶1红毛。实际结果与此假定相符。

用沙毛牛与白牦牛回交，后代是1沙毛∶1白毛；用沙毛牛与红毛牛互交，后代是1沙毛∶1红毛。通过回交说明，尽管F_1表现出不完全显性现象，似乎与分离规律不符，但后代基因型和表现型来看，证明分离规律是完全正确的。

2.**中间型**

所谓中间型是指 F_1 的表型是两个亲本的相对性状的综合，看不到完全的显性和完全的隐性。例如，地中海的安达鲁西品种鸡有黑羽和白羽两个类型，都能真实遗传。如果白羽鸡与黑羽鸡杂交，后代 F_1 都是蓝羽。F_1 自群交配，F_2 后代中 1/4 是白羽，2/4 是蓝羽，1/4 是黑羽。

另一个例子是，家鸡中有一种卷羽鸡（又称翻毛鸡），其羽毛向上卷。这种鸡与正常非卷羽鸡交配，F_1 代的羽毛是轻度卷羽，呈现双亲的中间型，F_2 中 1/4 卷羽，2/4 轻度卷羽，1/4 正常羽（图 2-16）。如将子一代轻度卷羽与正常羽亲本回交，得到 1/2 轻度卷羽和 1/2 正常羽鸡。

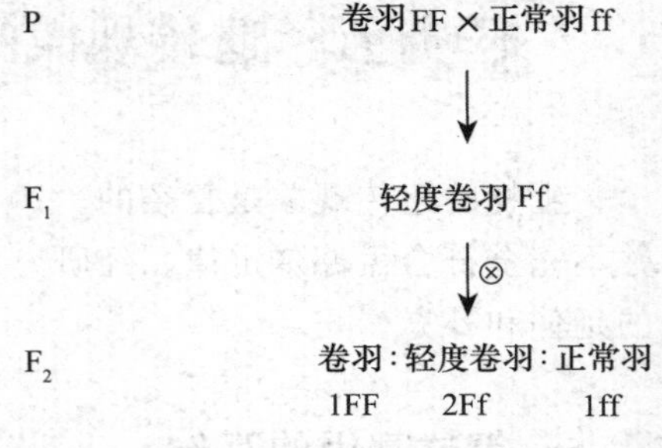

图 2-16 家鸡卷羽的遗传

以上两例说明，在一代表现为中间型，并非两亲本基因的融合，只不过是由于基因的显性作用不完全，因为子二代仍然出现了亲本类型，性状又发生了分离。这更加证明了分离规律的正确。另外也可以看出，在显性作用不完全的情况下，子二代的基因型和表现型是一致的。

3.**共显性**

共显性是指一对等位基因的两个成员在杂合体中都显示出来，彼此没有显性和隐性的关系，也叫等显性或并显性。例如人的 MN 血型是由一对基因 L^m 和 L^n 控制，含有一对 L^m 基因的人的血型是 M 型，含有一对 L^n 基因的人的血型是 N 型，含有 L^m 和 L^n 基因各一个的人的血型是 MN 型。基因 L^m 和 L^n 之间没有显隐之分。

二、复等位基因

相对性状是由同源染色体上的一对等位基因控制的。后来发现在同种生物类群中，有比两个基因更多的基因占据同一个位点，因此，把在群体中占据同源染色体上的相同位点两个以上的基因定义为复等位基因。同一群体内的复等位基因不论多少个，但在每一个个体的体细胞内最多只有其中的任意两个，仍然是一对等位基因。

复等位基因的表示方法，用一个字母作为该位点的基础符号，不同的等位基因就在这个字母的右上方做不同的标记。基础符号的字母大写表示显性，小写表示隐性。

（一）有显性等级的复等位基因

在家兔中有毛色不同四个品种，全色（全灰或全黑），青紫蓝（银灰色），喜马拉雅型（八点黑：耳尖、鼻尖、尾尖及四肢末端为黑色，其余被毛为白色），白化（白色、眼色淡红）。通过杂交试验，让纯合体全色型家兔与其他任何毛色纯合体家兔杂交，发现全色对青紫蓝、喜马拉雅型、白化表现显性；让青紫蓝型与其他型杂交，除全色型以外，青紫蓝对喜马拉雅型、白化表现显性；让喜马拉雅型与其他型杂交，除白化型以外，喜马拉雅型表现为隐性，在 F_2 中都出现 3∶1 的比例。这说明家兔毛色遗传的复等位基因是有显隐性等级的。如以 C 代表全色基因，c^{ch} 代表青紫蓝基因，c^h 代表喜马拉雅型基因，c 代表白化基因，则 4 个复等位基因的显

隐性关系可写成 $C>c^{ch}>c^{h}>c$。

由于家兔毛色是由复等位基因控制的，因此毛色杂合基因型种类较多。家兔毛色的表现型和基因型如表 2-3 所示。

表 2-3　家兔毛色的表现型和基因型

表现型	基因型	
	纯合体	杂合体
全色	CC	Cc^{ch}、Cc^{h}、Cc
青紫蓝	$c^{ch}c^{ch}$	$c^{ch}c^{h}$、$c^{ch}c$
喜马拉雅型	$c^{h}c^{h}$	$c^{h}c$
白化	cc	

(二)共显性的复等位基因

人的 ABO 血型系统中，有四种常见的血型：O 型、A 型、B 型、AB 型，由三个等位基因 I^{A}、I^{B}、i 所决定。I^{A} 和 I^{B} 对 i 呈显性，但它们之间呈等显性。由 3 个等位基因就可以有六种基因型，由于 i 是隐性基因，所以减少为四种血型(表 2-4)

表 2-4　人 ABO 血型系统的表现型和基因型

血型(表现型)	基因型
A	$I^{A}I^{A}$、$I^{A}i$
B	$I^{B}I^{B}$、$I^{B}i$
AB	$I^{A}I^{B}$
O	ii

三、致死基因

孟德尔的论文被重新发现后不久，有人就发现小家鼠中黄色鼠不能真实遗传，其后代分离比为 2∶1。现列举两个交配方案及其后代表现的材料结果如下：

黄鼠×黑鼠→黄鼠 2 378 只，黑鼠 2 398 只

黄鼠×黄鼠→黄鼠 2 396 只，黑鼠 1 235 只

(以上数据是多次研究资料的综合)

从第一个交配来看，黄鼠很像是杂种，因为与黑鼠交配结果 2 378∶2 398 是属于 1∶1 的范畴。如果黄鼠是杂合体，那么黄鼠与黄鼠交配，后代的性状分离比应该是 3∶1，可是以上面第二种交配结果来看，却是 2∶1。以后发现，黄鼠与黄鼠交配产生的子代中，每窝小鼠数要比黄鼠与黑鼠交配产生的子代中少一些，大约少 1/4。于是假设黄鼠与黄鼠交配应产生 1/4 纯合黄色，2/4 杂合黄色，1/4 黑鼠等三组合子，只因 1/4 纯合黄色一组不能生存，也就是说黄色基因当其纯合时，对个体有致死作用，因而分离比为 2∶1。

这种假设被以后的研究所证实，他们发现黄鼠与黄鼠交配产生的胚胎，有一组在胚胎早期死亡。这是由于黄色基因 A^{Y}，在纯合时有致死作用，从而出现了这种现象。故存活的黄

鼠黄色性状为杂合体，基因型为 $A^{Y}a$，黑鼠黑色性状基因型为 aa，黄鼠与黄鼠交配结果如图 2-17 所示。

黄鼠毛色基因 A^{Y} 对黑鼠毛色基因 a 为显性，当 A^{Y} 基因纯合时对个体有致死作用，引起 $A^{Y}A^{Y}$ 个体死亡。这个 A^{Y} 基因叫作纯合致死基因。

黄鼠 $A^{Y}a$ × 黄鼠 $A^{Y}a$

↓

$1A^{Y}A^{Y}$: $2A^{Y}a$: 1aa

死亡　黄鼠　黑鼠

图 2-17　家鼠黄色致死基因的遗传

致死基因的作用可以发生在配子期、胚胎期或出生后的仔畜阶段。在畜牧业中，致死基因所引起的家畜遗传缺陷颇多，如牛的软骨发育不全、先天性水肿，马的结肠闭锁，羊的肌肉挛缩，猪的脑积水，鸡的下颚缺损等，患畜（禽）往往在出生后不久死亡。

四、非等位基因的互作

在孟德尔一对和两对性状杂交试验中，F_2 的表现型之比分别是 3∶1 和 9∶3∶3∶1。这两种是在一对基因控制一对相对性状的情况下出现的。然而，在某些情况下，一对相对性状并不只是受到一对基因控制，而是被两对或两对以上的基因所控制。这些非等位基因在控制某一性状上表现了各种形式的相互作用，即所谓非等位基因的互作。因此，在性状遗传中，等位基因在起作用，而非等位基因之间也存在着相互联系和影响。

（一）互补作用

两种或两种以上非等位显性基因同时存在，才出现某一性状，其中任何一种显性基因突变消失，都会导致另一突变性状，非等位基因间的这种作用，称为互补作用。发生互补作用的基因称为互补基因。

例如鸡的胡桃冠形的遗传就是基因互补的结果。假设玫瑰冠的纯合体白温多特鸡的基因型是 RRpp，豆冠的纯合体科尼什鸡的基因型是 rrPP，则前者产生的配子是 Rp，后者产生的配子 rP，这两种配子互相结合，得到的 F_1 的基因型是 RrPp。由于 R、P 基因为互补基因，出现了新形状胡桃冠。F_1 的公鸡和母鸡都形成 4 种配子，即 RP、Rp、rP 和 rp，并且数目相等，根据自由组合规律及基因的互补作用，F_2 出现了两种表现型，当 R、P 同时存在时为胡桃冠（R_P_），而任何一个消失都非胡桃冠（rrP_、R_pp、rrpp），其比例是 9∶7（图 2-18）。

P　　RRpp　　×　　rrPP

　　非胡桃冠　　　　非胡桃冠

↓

F_1　　RrPp 胡桃冠

↓ ⊗

F_2　　9 R_P_ : 3 R_pp : 3 rrP_ : 1rrpp

　　胡桃冠 9　:　非胡桃冠 7

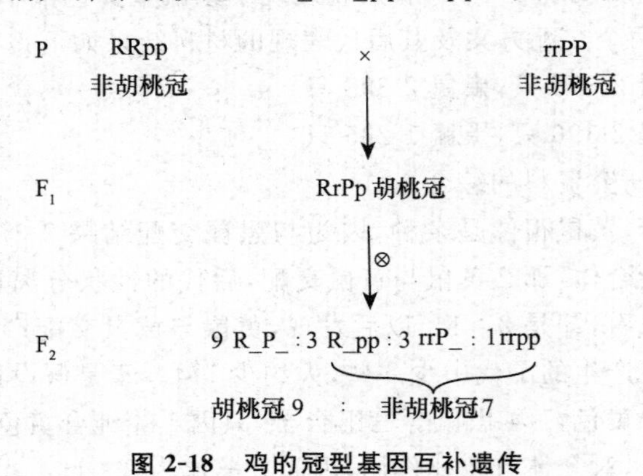

图 2-18　鸡的冠型基因互补遗传

又如香豌豆中C_P_植株开紫花，ccP_或C_pp植株都开白花，C、P基因为互补基因，它们同时存在开紫花，任何一个消失都开白花，其杂交遗传方式见图2-19，这是一个典型的互补基因的例子。

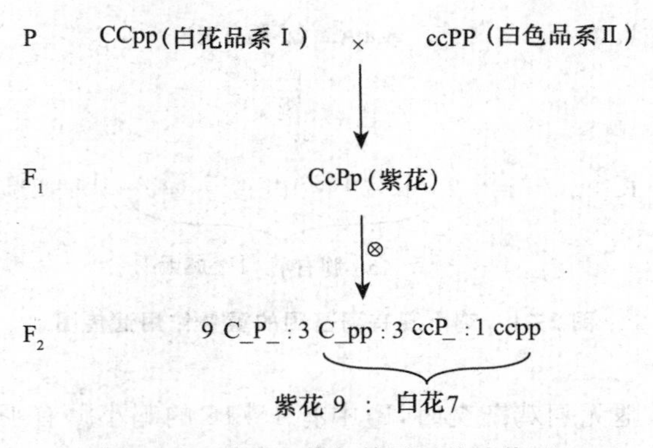

图2-19 香豌豆花色基因互补遗传图

(二)累加作用

两种显性基因同时存在时产生一种性状，单独存在时分别产生相似的另一种性状，这种基因互作类型称为累加作用。如杜洛克猪毛色的遗传。该品种的猪有红、棕、白三种毛色。如果用两种不同基因型的棕色杜洛克猪品系杂交，F_1产生红毛，F_2有三种表现型，遗传方式如图2-20所示。

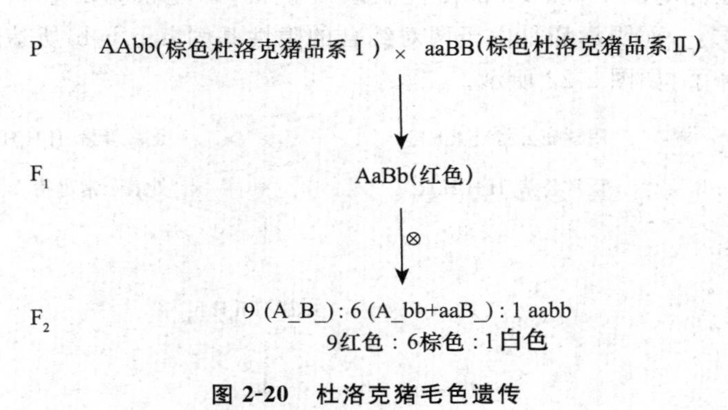

图2-20 杜洛克猪毛色遗传

上述杂交试验中，显性基因A、B同时存在时，相互作用产生红毛，只有A或B存在时，产生棕毛，当A、B都不存在时，则产生白毛。

(三)重叠作用

有时，控制同一性状的两对显性基因对表现型的作用完全相同，只要其中有一个显性基因存在就能显示出相同的表现型，这种基因互作叫作重叠作用。在这种情况下，隐性性状出现的条件必须是2对基因都是隐性基因，即双隐性。于是F_2的分离比为15∶1。这类作用相同的非等位基因叫作重叠基因。如狼山鸡分小腿有羽及小腿无羽两种类型，其遗传方式如图2-21所示。

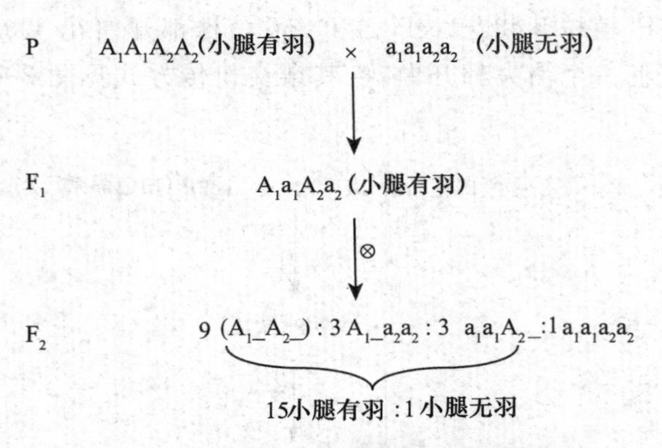

图 2-21 鸡小腿有羽基因的重叠作用遗传图

当小腿有羽鸡与小腿无羽鸡杂交时，F_2中有 15/16 的鸡小腿有羽毛，表明该性状由两对基因 A_1和 A_2控制，A_1和 A_2都是有羽基因，只要有一个存在就会使鸡的小腿生长羽毛。

又如猪的阴囊疝的遗传，阴囊疝这种遗传缺陷在出生时是不表现的，但 1 月龄以后的任何时候均可表现。要进行这种缺陷的遗传研究是复杂的，因为这种疝气只表现于一个性别(公猪)，母猪不表现，但不等于母猪没有这种遗传缺陷的基础，以致母猪的基因型只有凭后裔测验才能推断。有人将阴囊疝公猪同纯合体的正常母猪交配，F_1外表都正常，F_2分离为 15 正常∶1 阴囊疝。这一比例实质上是 9∶3∶3∶1 的变形，表明有无阴囊疝受两对基因的控制。假定两个显性基因 H_1和 H_2都使性状表现正常，即正常猪的基因型是 $H_1\_H_2\_$，或 $H_1\_h_2h_2$，或 $h_1h_1H_2\_$，而阴囊疝是由于两对纯合的隐性基因 $h_1h_1h_2h_2$所造成的，那么阴囊疝的遗传就可以解释了，如图 2-22 所示。

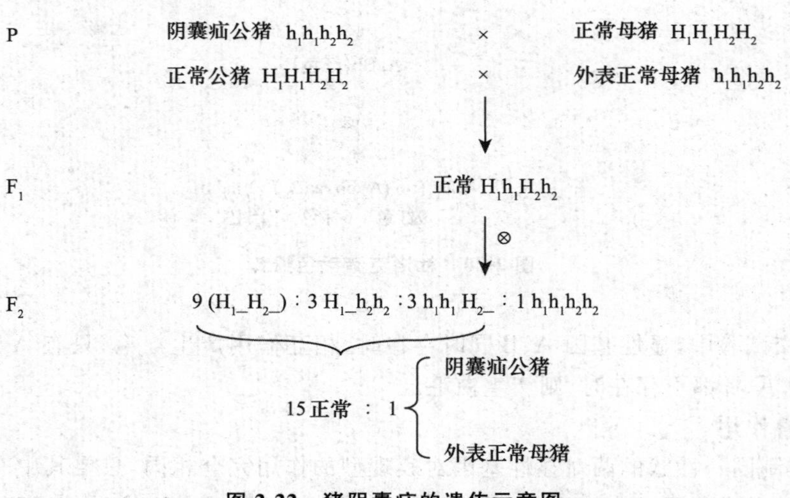

图 2-22 猪阴囊疝的遗传示意图

必须说明的是，由于阴囊疝只表现于一个性别(阴囊疝是限性性状)，因此仅 F_2的公猪表现 15∶1 的比例，对所有 F_2来说则是 31∶1。若某性状不是限性性状，则 F_2表型比例仍是 15∶1。

(四)上位作用

当影响同一性状的 2 对基因互作时，其中一对基因抑制或遮盖了另一对非等位基因的作用，这种不同对基因间的抑制或遮盖作用称为上位作用，起抑制作用的基因称为上位基因，被抑制的基因称为下位基因。起上位作用的基因是显性时称为显性上位，反之，称为隐性上位。

1.显性上位作用

犬的毛色遗传就是显性上位基因 I 作用的结果。犬有一对基因 ii 与形成黑色或褐色皮毛有关。当 ii 存在时，具有 B_基因的犬，皮肤呈黑色，但具有 bb 基因的犬，皮肤呈褐色。显性基因 I 能阻止任何色素的形成，当 I 基因存在时，无论是具有 B_还是具有 bb，犬的皮毛都呈白色，而不呈现其他颜色。用褐色皮毛的犬(iibb)与纯合白色犬(IIBB)杂交，如图 2-23 所示，F_1 全是白色犬(IiBb)，F_1 相互交配后，F_2 出现白色、黑色和褐色三种类型，其比例是 12∶3∶1。

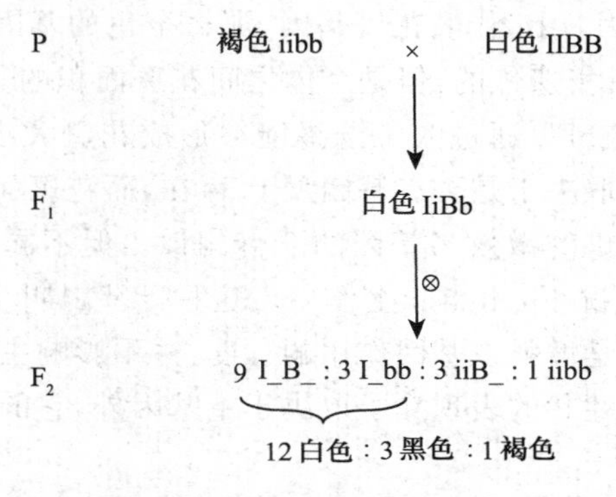

图 2-23　犬毛色显性上位遗传图

图 2-23 说明，褐色犬是两对隐性基因互作的结果，黑色犬是一种显性基因 B 与隐性基因 ii 互作的结果，白色犬是一种显性基因 I 对 B 和 b 基因表现上位作用的结果。

2.隐性上位作用

在两对互作的基因中，其中一对隐性纯合基因能掩盖另一对基因的作用叫隐性上位作用。家兔毛色遗传就是隐性上位基因 cc 作用的结果。兔毛色由两对基因控制，其中有色基因 C 对无色 c 为显性，灰色基因 G 对黑色基因 g 为显性。当灰兔与白兔杂交时，F_1 为灰兔，F_1 代相互交配，F_2 出现三种表现型灰色、黑色、白色，其比例为 9∶3∶4(图 2-24)。

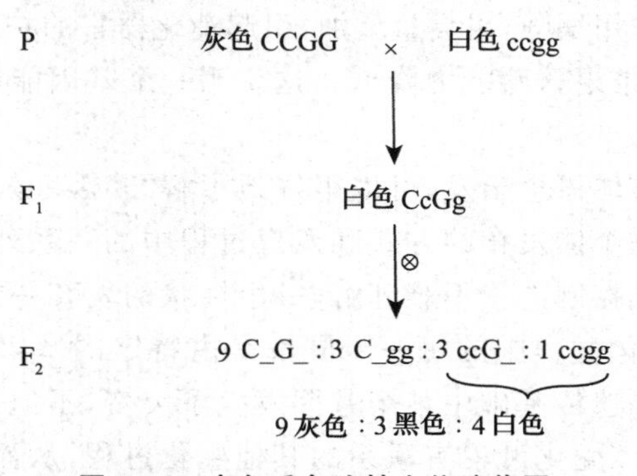

图 2-24　家兔毛色隐性上位遗传图

由图 2-24 可以得出:灰色是由显性基因 C 和 G 相互作用的结果,黑色是一种显性 C 和一对隐性基因 gg 互作的结果。当隐性基因 cc 存在时,cc 抑制了 G 基因表现其作用,G 和 g 都不起作用,表现为白色,所以 cc 是隐性上位基因。

五、多因一效与一因多效

基因互作的实例说明,一个性状的遗传不只受一对基因的控制,而是经常受许多不同基因的影响,出现“多因一效”的结果,例如,果蝇眼睛颜色性状至少受 40 个不同位点的基因影响,小家鼠短尾性状至少受 10 个不同位点的基因控制,猪的毛色受七对基因的控制。

影响某一性状的基因虽然很多,但有主次之分,所以一般还保留着“某一个基因控制某一性状”的提法,以说明主要基因的作用。例如,在黄牛的毛色中,全色(没有花斑)对花斑是显性。用 T 代表全色基因,用 t 代表花斑基因,那么全色的基因型为 TT 或 Tt,花斑的基因型为 tt。花斑性状是能真实遗传的,但是个体之间花斑面积的大小差异很大,从只有少数的花斑到彼此连续的大片花斑。通过人工选择能够形成花斑大小一致的牛群,即花斑可以遗传下去。花斑是否出现,取决于是否有基因型 tt 存在,而花斑面积的大小要受其他许多微弱基因的影响,这与后面要讲的微效多基因的遗传相似。但不同的是影响花斑大小的这些基因,必须在有 tt 存在的情况下,才能产生作用。这种 t 基因叫主基因,那些在主基因存在时才能表现作用的,而且只是增强主基因作用的程度,并不影响主基因作用性质的基因叫作修饰基因。也就是说,某些性状的表现除了取决于主基因外,它的表现程度还受许多修饰基因的影响。

一个性状可以受到许多基因的影响,相反,一个基因也可以影响到许多的性状。我们把单一基因的多方面表现效应,叫作基因的多效性或“一因多效”。基因的多效性是非常普遍的现象,这是因为生物体生长发育中的各种生理生化过程都是相互联系、相互制约的,基因是通过生理生化过程而影响性状的,故基因的作用也必然是相互联系和相互制约的。由此可见,一个基因必然影响若干性状,只不过是各个基因影响各个性状的程度不同罢了。例如,前面提到的卷羽鸡,卷羽基因 F 在杂合时(Ff),能引起羽毛翻卷,容易脱落;如果是纯合体时(FF),翻卷严重,有时几乎整个身体都没有羽毛。这一基因 F 不但影响了羽毛的形状和脱落性,而且由于羽毛向上翻卷或脱落,体热容易散失,从而引起一系列的后果:一方面,体温不正常,细胞的氧化作用和新陈代谢过程加快,心跳加速,心室肥大,血量增加,脾脏异常;另一方面,由于代谢作用增强,采食量增加,引起消化器官的扩大,增加了肾上腺、甲状腺等重要分泌器官的负担,结果繁殖能力降低。这说明一个基因能够不同程度地影响某些形态结构和机能等性状。

从生物个体发育的整体概念出发,可以很好地了解“多因一效”和“一因多效”是同一遗传现象的两个方面。生物个体发育的方式和发育过程中的一系列生化变化,都是在一定环境条件下由整个遗传基础控制的。不难理解,一个性状的发育一定是许多生化过程连续作用的结果。现已知道,生化过程中的每一步骤都是由特定的基因所控制的,这样就产生了“多因一效”的现象。如果遗传基础中某个基因发生了突变,不但会影响到一个主要的生化过程,而且也会影响到与该生化过程有联系的其他生化过程,从而影响其他性状的发育,即产生了“一因多效”的现象。

任务六　畜禽遗传现象的分析

一、一对相对性状的遗传分析

(一)目的

通过对畜禽一对相对性状的遗传现象的观察与分析，加深对分离规律的理解与认识。

(二)原理

(1)遗传性状是由相应的等位基因控制的。等位基因在体细胞中成对存在，一个来自父本，一个来自母本。

(2)体细胞内成对的等位基因虽然同在一起，但并不融合，彼此独立，在形成配子时彼此分离，各自进入不同的配子中。

(3)F_1产生不同类型的配子数目相等，即1∶1。由于各种雌雄配子结合是随机的，因此，F_2代基因型之比是1显性纯合体∶2杂合体∶1隐性纯合体，显性与隐性表现型之比为3∶1。

(三)仪器设备及材料

选取畜禽中由一对等位基因控制的一对相对性状的遗传资料。

(四)方法与步骤

用基因符号图解一对相对性状的遗传显现，确定杂交后代的基因型和表现型，以及杂交后代的比例。

(五)作业

鸡的毛脚A对光脚a显性，1只毛脚公鸡分别与3只母鸡杂交，杂交方式和结果如下，试分析杂交亲本和后代的基因型。

光脚母鸡1×毛脚公鸡→毛脚鸡

光脚母鸡1×毛脚公鸡→光脚鸡

毛脚母鸡1×毛脚公鸡→光脚鸡

二、两对及两对以上相对性状的遗传分析

(一)目的

通过对畜禽两对相对性状的遗传现象的观察和分析，加深对自由组合规律的认识。

(二)原理

(1)体细胞内位于不同对同源染色体上的两对及两对以上的等位基因在形成配子时，一对基因与另一对基因在分离时各自独立、互不影响；不同对基因之间的组合是完全自由、随机的。

(2)雌雄配子在结合时也是完全自由的、随机的。

(三)仪器设备及材料

选取畜禽中由2对等位基因控制的2对相对性状的遗传资料。

(四)方法与步骤

用基因符号图解两对相对性状的遗传现象,确定杂交后代的基因型和表现型,以及杂交后代的比例。

(五)作业

(1)一对杂交品种 AaBb×aaBb,各对基因之间按自由组合规律遗传,则 F_1 代中基因型和表现型分别有几种。

(2)基因型为 AaBBccDdEEFfGgd 的个体,可能产生的配子类型数是多少?

三、连锁互换现象的遗传分析

(一)目的

通过对畜禽位于一对同源染色体上的两对相对性状的遗传现象的观察和分析,加深对连锁互换规律的认识。

(二)原理

(1)同一条染色体上的基因构成一个连锁群,它们在遗传的过程中不能独立分配,而是随着这条染色体作为一个整体共同传递到子代中去,这就叫完全连锁,在生物界中目前只发现雄果蝇和雌家蚕表现为完全连锁遗传。

(2)大多数生物中见到的往往是不完全连锁遗传。存在于同一对染色体上的非等位基因,在形成配子的减数分裂过程中,非姊妹染色单体之间发生 DNA 片段的互换,基因也随之发生了互换,由此形成亲本型配子和重组型片子,但亲本型配子数目大于重组型配子数目,使得后代亲本型个体数目大于重组型个体数目。

(三)仪器设备及材料

选取畜禽中位于一对同源染色体上的2对相对性状的遗传资料。

(四)方法与步骤

用基因符号图解连锁互换性状的遗传现象,确定杂交后代的基因型、表现型和数目,计算互换率,推算性母细胞发生互换的比例。

(五)作业

果蝇中,正常翅对截翅(w)是显性,灰身对黄身(y)是显性。现有一杂交组合,其 F_1 代为灰身长翅,试分析其亲本的基因型。如果用 F1 的雌蝇与双隐性亲本雄蝇回交,得到的结果如下:

灰身长翅	黑身残翅	灰身残翅	黑身长翅
1 644	1 304	260	322

那么:(1)上述结果是属于连锁遗传吗?有无互换?

(2)如果属于连锁遗传,互换率是多少?

四、家禽的伴性遗传分析

(一)目的

通过对家禽的伴性遗传现象的观察和分析,加深对家禽伴性遗传规律的认识。

(二)原理

伴性遗传是指性染色体上的基因所决定的某些性状总是伴随性别而遗传的现象。

家畜的伴染色体类型是 XY 型,家禽的性染色体类型是 ZW 型。

(三)仪器设备及材料

可任选下列家禽的伴性遗传材料:芦花母鸡与非芦花公鸡、慢羽母鸡与快羽公鸡、银色母鸡与金色公鸡杂交一代公母雏鸡若干只。

(四)方法与步骤

(1)分析产生伴性遗传现象的原因。

(2)用基因符合图解伴性遗传现象。

(五)作业

(1)两个色盲的双亲是否能生出一个正常的男孩?能生出色盲的女孩吗?两个正常的双亲能生出一个色盲的男孩或色盲的女孩吗?

(2)两正常双亲有 4 个儿子,其中 2 人为血友病患者,以后,这对夫妇离婚并各自与一表型正常的结婚。女方再婚后生了 6 个孩子,4 个女儿表型正常,2 个儿子中有一人患血友病。男方二婚后生了 8 个孩子,4 男 4 女都正常,问:

①血友病是由显性基因还是隐性基因控制?

②血友病的遗传类型是性连锁,还是常染色体基因的遗传?

③这对双亲的基因型如何?

任务七　数量性状的遗传

一、性状的分类

动物的性状可分为两大类:质量性状与数量性状。性状的变异可截然区分为几种明显不同的类型,一般用语言来描述,例如,猪的毛色,鸡冠的形状,牛角的有无等,称之为质量性状。而数量性状是指表现为连续变异的、性状之间界限不清楚、不易分类的性状,个体间表现的差异只能用数量来区别。

(一)分类依据

(1)性状是描述性的还是可以度量的;

(2)性状是呈连续性分布还是间断性分布;

(3)性状的表现是否容易受到环境的影响;

(4)控制性状的遗传基础是单基因还是多基因。

(二)数量性状的特征

数量性状是指那些计量的性状，其基因作用大多表现为群体性而缺乏个体性，并只能用称、量、数等方法对它们加以度量。因此有关数量性状的观察研究结果都是一系列的数字材料，只有对这些数字资料用生物统计方法进行分析，估算一些遗传参数，才能反映其遗传变异的特点并洞察其中的规律。一般而言，数量性状的特点可归纳为以下 4 点：①数量性状是可以度量的；②数量性状呈连续性变异；③数量性状的表现容易受到环境的影响；④控制数量性状的遗传基础是多基因系统。

动物育种所重视的许多经济性状都是数量性状，例如产蛋数、蛋重、饲料转化率、断奶窝重、哺育率等。从理论方面来说，亲缘关系较近的种群间差异，大多数表现为数量性状的差异。非连续性变异在自然界发生的频率很低，在生物进化上的意义有限；而大量的、经常发生的是一些微小的连续性变异，这些变异才是进化的主要材料。因此，了解数量性状的遗传规律，为进一步掌握家畜育种与遗传改良的原理和方法，以及了解生物进化规律具有十分重要的意义。

二、数量性状的遗传基础

(一)数量性状的多基因假说

数量性状的多基因假说最早是由 Yule 于 1906 年提出，然后由 Nilsson-Ehle 和 Johannsen发展完善，多基因假说的要点为：数量性状是由大量的、效应微小而类似的、并且可加的基因控制，这些基因在世代传递中服从孟德尔遗传原理，即分离规律和自由组合规律，以及连锁互换规律，这些基因间一般没有显隐性区别；此外，数量性状同时受到基因型和环境的作用，而且数量性状的表现对环境相当敏感。

(二)数量性状的遗传方式

1.中间型遗传

在一定条件下，两个不同品种杂交，其杂种一代的平均表型值介于两亲本的平均表型值之间，群体足够大时，个体性状的表现呈正态分布。子二代的平均表型值与子一代平均表型值相近，但变异范围大于子一代。

2.杂种优势

杂种优势是数量性状遗传中的一种常见遗传现象。它是指两个遗传组成不同的亲本杂交产生的子一代，在生产性能、繁殖力、抗病力等方面都超过双亲的平均值，甚至比两个亲本各自的水平都高。但是，子二代的平均值向两个亲本的平均值回归，杂种优势下降，以后各代杂种优势逐渐趋于消失。

3.超亲遗传

两个品种或品系杂交，一代杂种表现为中间类型，而在以后世代中，可能出现超过原始亲本的个体，这种现象叫作超亲遗传。超亲遗传可以培育出更大或更小类型的品种。

(三)数量性状的表现型值的剖分

数量性状的表现型值：一个多基因系统控制的某种数量性状所表现的数值，称为该性状的表现型值，用 P 表示。由于性状的表现型值又是基因型和环境相互作用的结果，所以表现型值可分为两个部分：基因型值和环境偏差。基因型值就是表现型值中由基因型决定的那部分数值，用 G 表示。环境偏差就是表现型值偏离基因型值的离差，用 E 表示。所以，一个性状的表现型值可表示为：

$$P=G+E$$

如果对基因型值作进一步的分析研究，基因型值还可再次剖分为基因的加性效应(A)和非加性效应，后者又可再分为基因的显性效应(D)和基因的上位效应(I)。于是，表型值的剖分公式为：

$$P=A+D+I+E$$

加性效应：是等位基因间及非等位基因间的累加作用引起的效应(指的是某一特定性状的共同效应是每个基因对该性状单独效应的总和)。事实上，等位基因间非等位基因间除了加性效应外，还存在相互作用。

显性效应：是指同一位点内等位基因间的互作所产生的效应。若性状由多基因控制，则各位点的显性效应是可加的。显性效应可以遗传但不能被固定，因为随着基因在不同世代中的分离和重组，基因间的关系也会发生变化。

上位效应：是指不同基因位点内非等位基因间相互作用所产生的效应。也不能被固定。

由于基因中的加性效应在遗传过程中是可以固定的，即通过育种工作可以在后代中固定下来的部分，因此，在数量遗传学中把全部基因的加性效应值叫育种值(A)；而显性效应(D)和上位效应(I)两个效应不能被固定，故常常与环境效应一起统称为剩余值，用 R 表示。所以，表型值的剖分还可以表示为：

$$P=A+R$$

当求表型平均值时，由于 R 值有正有负，正负 R 值相抵消，所以表型均值就等于加性效应平均值，也就是说，群体的表型平均值可以代表群体的平均育种值水平。

$$\overline{P}=\overline{A}$$

因此，两个群体的平均表型值之差，可以反映它们的平均育种值之差，但必须具备两个条件：一是所处的环境条件相同，二是有足够大的群体。不同环境中的群体表型平均值之间不能比较，因为它们包含不同对固定环境值，必须剔除固定环境值后才能比较。

根据统计学方差分析的基本原理，若一变量的各组成部分之间没有关系，就可以把总方差剖分为各组成部分的方差。如果在一个畜群中每一头牲畜所处的环境条件都相同，或者环境即使有些差异，但只要是随机的，那么育种值与剩余值之间就不相关，所以表型方差=育种值方差+剩余值方差，用符号 V_P 表示表型方差，V_A 表示育种值方差，V_R 表示剩余值方差，于是：

$$V_P=V_A+V_R$$

剩余值方差中还包括显性方差(V_D)、上位方差(V_I)和环境方差(V_E)，因此表型方差还可以写为：

$$V_P=V_A+V_D+V_I+V_E$$

所以，表型方差还可以表示为：

$$V_P=V_G+V_E$$

表型值的上述剖分对数量遗传学的研究来说是十分重要的，在畜禽育种实践中，通过某一特定性状表型值有关统计量的计算和分析，就可估测出各种选育性状的遗传参数，计算出各育种值或综合选择指数，根据育种值或综合选择指数选留种畜，通过控制公母的交配，从而选育出优良的后代，进一步提高畜禽的生产水平。

三、数量性状的三大遗传参数

我们研究数量性状的遗传必须采用统计方法。为了说明某种性状的特性以及不同性状之间的表型关系，可以根据表型值计算平均数、标准差、相关系数等，统称表型参数。为了估计个体的育种值和进行育种工作必须用到的统计常量（参数）叫遗传参数。常用的遗传参数有三个，即遗传力、重复力和遗传相关。

（一）遗传力

遗传力就是性状遗传的能力，即亲代将其遗传特性遗传给子代的能力。它是生物每一个性状的重要特征之一，也是数量性状的一个最基本的遗传参数。生物的任何性状都是遗传与环境共同作用的结果，在现有条件下，我们能够直接观察测量到的是生物个体性状的表型值。遗传力是一个从群体角度反映表型值替代基因型值的可靠程度的遗传统计量，它表明了亲代群体的变异能够传递到子代的程度。

根据遗传力估值中所包含的成分不同，遗传力可分为广义遗传力和狭义遗传力两种。

1.广义遗传力

广义遗传力是指数量性状基因型方差占表型方差的比值，通常用百分数表示，记作 H^2，用公式表示如下：

$$H^2=\frac{V_G}{V_P}\times 100\%=\frac{V_G}{V_G+V_E}\times 100\%$$

由上公式可知，基因型方差占表型方差的比重愈大，环境方差占表型方差的比重愈小，所求得的广义遗传力也就愈大，说明该性状遗传给子代的传递能力就愈强。当一个性状从亲代传递给子代中将有较多的机会表现出来，而且容易根据表现型来辨别其基因型，选择的效果也就较好；反之，如果所求得的广义遗传力较小，说明环境条件对该性状的影响较大，也就是说该性状从亲代遗传给子代的传递能力较小，直接对该性状进行选择的效果较差。所以说广义遗传力的大小可以作为衡量亲代与子代之间遗传关系的一个指标，也是确定选择方法的一个重要依据。

2.狭义遗传力

狭义遗传力是指数量性状加性方差（育种值方差）占表型方差的比值，常用百分数表示，记为 h^2，用公式表示为：

$$h^2=\frac{V_A}{V_P}\times 100\%=\frac{V_A}{V_A+V_D+V_I+V_E}\times 100\%$$

由上公式可知，狭义遗传力的值比广义遗传力的值小。由于加性效应是基因间累加效应，可在自交纯合过程中保存并遗传给子代，而非加性效应的表现依赖于等位基因间杂合状态与非等位基因间的特定组合形式，不能在自交过程中保持，因此，狭义遗传力作为性状选择指标的可靠性高于广义遗传力。

3.遗传力估计值

遗传力估计值可以用百分数或者小数来表示。如果遗传力估计值是 1（即 100%），说明某性状在后代畜群中的变异原因完全是遗传所造成的；相反，如果遗传力估计值是 0，则说明这种变异的原因是环境造成的，与遗传无关。事实上，没有任何一个数量性状的变异与遗传或与环境完全无关。所以，数量性状的遗传力估计值介于0～1。

遗传力估计值只是说明对后代群体某性状的变异来说，遗传与环境两类原因影响的相对重要性。并不是指该性状能遗传给后代个体的绝对值。例如，有一个鸡群中平均蛋重60 g，蛋重遗传力为0.6(60%)。在此，不是指平均蛋重60 g中只有60%(36 g)能遗传给后代，而其余一半不能遗传给后代。而是指蛋重的变异部分，有60%来自遗传原因，其余则是由环境条件造成的。

根据性状遗传力的大小，可将其划分为三类，即0.5以上者为高遗传力；0.2～0.5为中等遗传力；0.2以下者为低遗传力。

4.遗传力的应用

遗传力这个概念在育种工作中具有十分重要的指导意义。其主要用途有：

(1)估计种畜的育种值。我们知道，育种值是表型值中能真实遗传给后代的部分。故利用性状的遗传力来估计育种值，再根据育种值来选种准确有效。

(2)确定繁育方法。遗传力高的性状上下代的相关大，通过对亲代的选择可以在子代得到较大的反映，因此选择效果好。这一类性状适宜采用纯繁来提高。遗传力低的性状一般说来杂种优势比较明显，可通过经济杂交利用杂种优势。但有些遗传力低的性状，品种间的差异很明显，而品种内估测的遗传力却因随机环境方差过大而呈低值，这一类性状可以通过杂交引入优良基因来提高。

(3)确定选择方法。遗传力中等以上的性状可以采用个体表型选择这种简便又有效的选择方法。遗传力低的性状宜采用均数选择的方法。均数选择有两种，一种是根据个体多次度量值的均数进行选择，这样能选出好的个体，但需时较长，影响世代间隔；另一种是根据家系均值进行选择，即为家系选择，但只能选出好的家系，不能选出好的个体。近几十年来，鸡的产蛋量遗传进展很快，主要是采用家系选择的结果。

(4)应用于综合选择指数的制定。在制定多个性状同时选择的"综合指数"时，必须用到遗传力这个参数。此外，还可用于预测遗传进展。

5.遗传力的几点说明

(1)遗传力的数值，一般是小于1，大于0，如果出现负值，说明估算有误。

(2)随着性状的不同，遗传力的差别较大。

(3)遗传力高的性状，选择较易，遗传力低的性状，选择难些。对于遗传力较高的性状，在杂交的早期世代进行选择，收效比较显著。不然，以后期选择为主。根据各性状的遗传力进行选择，可提高选择效果。

(4)遗传力的大小是对群体而言的，而不是用于个体。如人类身高的遗传力为0.5，并不意味着某一人的身高一半由遗传控制，一半由环境控制，而是人类身高的变异一半来自遗传，一半来自环境。

(二)重复力

1.重复力概念

重复力是指同一个体的同一性状多次度量值之间的相关程度。同一个体，同一性状，常常度量很多次，每次都有度量记录。如一头母猪，每个胎次都有一个产仔数记录，一生就有好几胎产仔数记录。很多性状都可以多次重复度量，可以在时间上重复，也可以在空间上重复。在评定种畜品质时，究竟应当依据哪次记录？一般来讲，依据哪一次都行，但不如依据多次度量的综合资料进行评定更为可靠。因为度量次数愈多，信息量愈大，取样误差愈小，也就愈可靠。但到底需要度量多少次合适，这决定于该性状各次度量间的相关程度。相关度等于1，说明每次度量的结果一样，这时只要度量一次就可代表各次的度量；随着相关程度的减小，需要度量的次数就增加。

因是同一个体同一性状多次度量值之间的相关，所以从统计学的角度讲，这个相关程度也是不同个体某一性状多次度量的组内相关系数。在这里，组间方差就是个体间方差，组内方差就是同一个体的多次度量值之间（个体内方差）。由于重复力这一性质，因此可用组内相关系数公式来表示重复力：

$$r_e = \frac{\sigma_B^2}{\sigma_B^2 + \sigma_W^2}$$

在上式中，σ_B^2表示个体间方差，σ_W^2表示个体内方差。为了说明重复力的性质，还需要引入一般环境方差和特殊环境方差的概念。一般环境方差是指由时间上持久的或空间上非局部的条件造成的环境方差，它是个体间方差的一部分。所谓特殊环境方差是指由暂时的或局部的条件造成的环境方差，它是个体内方差。因为同一个体多次度量值的差异不是遗传原因造成的，也不是持久的或非局部的环境原因造成的，而是由暂时的或局部环境原因造成的，所以，可以把环境方差剖分为一般环境方差（V_{Eg}）和特殊环境方差（V_{Es}）两部分：$V_E = V_{Eg} + V_{Es}$。根据方差分析原理，若按方差的原因组分来划分，个体间方差 $\sigma_B^2 = V_A + V_{Eg}$，个体内方差 $\sigma_W^2 = V_{Es}$，所以，重复力还可以表示为：

$$r_e = \frac{\sigma_B^2}{\sigma_B^2 + \sigma_W^2} + \frac{V_A + V_{Eg}}{V_A + V_{Eg} + V_{Es}} = \frac{V_A + V_{Eg}}{V_P}$$

从上式可知，从遗传的角度来看，重复力就是加性方差（育种值方差）与一般环境方差之和占表型方差的比例，重复力受育种值方差、环境方差和表型方差的影响，所以性状的群体遗传特性和畜群所处的环境条件都能影响重复力。特定条件下测定的重复力，只能反映特定条件下的情况。

一般说来，重复力 $r_e \geq 0.60$ 称为高重复力；$0.30 \leq r_e < 0.60$ 称为中等重复力，而 $r_e < 0.30$称为低重复力。

2.重复力的应用

(1)确定性状需要度量的次数。重复力高的性状，说明各次度量值间相关程度强，只需要度量几次就可正确估计个体生产性能；相反，重复力低的性状，则需要多次度量才能做出正确的估计。根据计算结果，当 $r_e = 0.9$ 时，度量一次即可；$r_e = 0.7 \sim 0.8$ 时，需度量 2～3 次；$r_e = 0.5 \sim 0.6$ 时，需度量 4～5 次；$r_e = 0.25$ 时，需度量 7～8 次。如母猪窝产仔数的重复力 $r_e = 0.1229$，说明其相关程度低，选种时要根据母猪 8～9 胎窝产仔数资料，才能确定该性状表现的优劣。

(2)估计畜禽个体最大可能生产力。有了重复力参数，可以从家畜早期生产记录资料估计其一生可能达到的最大生产力，以评定其品质优劣，从而能在早期确定去留。

(3)检验遗传力估计的正确性。重复力的大小取决于加性效应和一般环境效应，两者之和必然大于基因加性效应，因而重复力是同一性状遗传力的上限，即遗传力最多等于重复力。因此，如果遗传力的估计值高于同一性状重复力的估计值，则说明遗传力估计有误。

(4)用于评定家畜的育种值。在评定加性育种值时，重复力是必不可少的一个参数。

(三)遗传相关

1.遗传相关的概念

家畜作为一个有机的整体，它所表现的各种性状之间必然存在着内在的联系，这种联系的程度称为性状间的相关，用相关系数来表示。造成这一相关的原因很多而且十分复杂。一般而言，可将这些原因区分为遗传原因和环境原因。所以性状间的表型相关同样可剖分为遗传相关和环境相关两部分。群体中所有个体两性状间的表型相关为表型相关，用 $r_{P(XY)}$ 表示，同一个体两个性状育种值之间的相关系数是遗传相关，用 $r_{A(XY)}$ 表示；两个个性状环境效应或剩余值之间的相关叫作环境相关，用 $r_{E(XY)}$ 表示。根据数量遗传学的研究，性状的表型相关、遗传相关、环境相关的关系是：

$$r_{P(XY)}=h_x h_y r_{A(XY)}+e_x e_y r_{E(XY)}$$

式中：$e_x=\sqrt{1-h_x^2}$；$e_y=\sqrt{1-h_y^2}$。可见表型相关并不简单等于两个性状的遗传相关和环境相关之和。如果两性状的遗传力高，则表型相关主要取决于遗传相关；相反，如果两个性状的遗产力低，表型相关主要取决于环境相关。

2.遗传相关的应用

性状间的遗传相关系数，主要用于下列几个方面：

(1)进行间接选择。利用两性状间的遗传相关，选择容易度量的性状，间接提高不易度量的性状。间接选择在家畜育种实践中具有很重要的意义；有些性状是用作种用前不能度量到的，如种猪瘦肉率、公畜繁殖性能；还有些性状本身的遗传力很低，直接选择效果不好；在这些情况下，都有必要采用间接选择。

(2)比较不同环境下的选择效果。遗传相关可用于比较不同环境条件下的选择效果。我们可以把同一性状在不同环境下的表现作为不同的性状看待。这就为解决育种工作中的一个重要实际问题提供了理论依据，即在条件优良的种畜场选育的优良品种，推广到条件较差的其他生产场如何保持其优良特性的问题。

(3)用于制定综合选择指数。在制定综合选择指数时，需要研究性状间的遗传相关。如果两个性状间呈负的遗传相关，要想通过选择同时提高两个性状，是很难取得预期的效果。

任务八　变异

一、变异的类型与原因

变异是生物界普遍存在的现象，是生物的共同特征之一。

根据观察研究，生物的变异不仅表现在外部和内部构造上，而且表现在生物体的生理生化、新陈代谢及性格和本能等方面。例如，鸡有善啼的、好斗的，这表示性格的变异。奶牛食量有大有小，产奶量有高有低，这是新陈代谢与生理生化的变异。变异不仅见于有性生殖的情况下，而且也见于无性生殖的情况下。例如芽变，就是无性生殖产生的变异。变异不仅在家养条件下可以发生，而且在野生状态下也能观察到，不过家养生物的变异比野生生物的变异大得多。例如，野猪的类型很少，而家猪却有许多不同的品种，在体型、毛色及生产性能等方面差别很大。

以上现象都说明了生物是能发生变异的，而且生物变异的表现是多方面的，变异是生物界的一种普遍现象。

(一)变异的类型

生物界形形色色的变异大致上可划分为遗传变异和表现型变异。

遗传变异是指基因型的变异，是生物体遗传物质发生改变而引起性状的变异，这种变异是能真实遗传的，故称遗传的变异。例如，家畜毛色和抗病力的差异；果蝇的残翅和常态翅等，都是由于等位基因不同，引起的遗传的变异。在畜牧业的历史中，发生过山羊的有角基因突变为无角基因的现象，马头山羊就是这种突变体通过选育形成的，这种突变后的无角性状能够遗传给后代。遗传的变异是广泛存在的，如果没有遗传的变异，生物就不会进化。

表现型变异是指由于环境条件的改变，引起生物的外表变化，即获得性。这类变异并没有引起遗传物质的相应改变，因而它是不能遗传的。例如，同一品种的奶牛因饲料营养成分不同，引起泌乳量高低的变异；瘦肉型猪由于饲养粗放，生长速度减慢，瘦肉率降低；犊牛的人工去角和羔羊断尾等，这类变异都属于表型变异。

遗传变异和表现型变异，在实践中不是都很容易区分的。因为同一变异可能是遗传的，也可能是不遗传的，甚至同一个体同时可以有遗传的变异和表型的变异。要准确地区分这两种变异，首先要弄清变异个体的来源；其次进行遗传对比试验时，对所试验的生物环境条件要尽量保持稳定一致。现举例如下：有大小不同的菜豆种子，大小的差别是很明显的。这种差异可能是遗传的，也可能是不遗传的。怎样进行判断呢？如果知道菜豆种子的来源，大、小菜豆种子来自两个不同品种，那么可认为种子大小的差异是遗传的。如果不知道菜豆种子的来源，那么可以做试验：把大小不同的种子播种在同一土壤条件下，看它们所结的种子平均是否有大小之分？如果没有，那就是说，菜豆种子大小的差异是表型变异。

(二)变异的原因

生物的性状(表型)是遗传和环境共同作用的结果。所以生物表型的变异不外乎起源于两方面的原因：一是基因型的变异，二是环境条件的变异。也就是说，基因型和环境任何一方的变化，都可能引起表型的变化(变异)。所以，变异有遗传的原因，也有环境的原因。如果变异的原因是遗传的差异，即基因型的差异，那么变异是遗传的。如果其原因是环境的差异，那么变异是不遗传的。

虽然环境条件的改变，一般不能引起遗传的变异，但是遗传性的充分发挥则需要有一定的环境条件。例如，黄脚的来航鸡所以表现黄脚，除了鸡体内含有黄脚基因外，还需要从饲料中供给黄色素，才能表现黄脚；如果鸡饲料中长期缺乏黄色素，来航鸡脚的颜色就会表现为白色；但是如能供给充足的黄色素，鸡的黄色又能恢复。所以，在畜牧业生产中，要获得高产，必须重视培育良种(高产的基因型)，同时，还要注意提供良好的饲养管理条件。

关于基因型变化的原因，分析起来不外乎两种：一是通过有性杂交引起基因重组和互换，产生多种多样的基因型；二是由于突变，包括基因突变和染色体畸变两种，这是产生新的遗传基础的最基本方式。

二、基因突变

(一)基因突变的概念和原因

1.基因突变的概念

基因突变就是一个基因变为它的等位基因，是指染色体上某一基因位点内发生了化学结构的变化，所以也称为“点突变”。基因突变在生物界中是很普遍存在的，而且突变后所出现的性状跟环境条件间看不出对应关系。

2.基因突变的原因

基因突变的原因和过程，一般认为是由于内外因素引起基因内部的化学变化或位置效应的结果，也就是DNA分子结构的改变。染色体或基因的复制通常是十分准确的，但正像其祖代在进化过程中经历的那样有时也会发生改变，并且会进一步发展改变它的遗传结构，换句话说，一个基因仅是DNA分子的一个小片段，如果某一片段核苷酸任何一个发生变化，或在这一片段中更微小的片段发生位置变化，即所谓发生位置效应，就会引起基因突变。

(二)基因突变的种类及其影响因素

基因突变可分为自然突变和诱发突变两种。凡是在没有特设的诱变条件下，由外界环境条件的自然作用或生物体内的生理和生化变化而发生的突变，称为自然突变，而在专门的诱变因素，如各种化学药剂、辐射线、温差剧变或其他外界条件影响下引起的突变，称为诱发突变。

引起自然突变的因素，一般认为除了自然界温度骤变、宇宙线和化学污染等外界因素以外，生物体内或细胞内部某些新陈代谢的异常产物也是重要因素。

引起诱发突变的因素：一是物理诱变因素，包括电离辐射线，如X、γ、α和β射线、中子流等，非电离射线，包括紫外线、激光、电子流及超声波等；二是化学诱变因素，有烷化剂，如乙烯亚胺、硫酸二乙酯、亚硝酸、亚硝基甲基脲等，5-溴尿嘧啶、2-氨基嘌呤等某些碱基结构类似物，还有能引起转录和转译错误的吖啶类染料等。

(三)基因突变的特性

1.突变的频率

突变发生的频率是指生物体(微生物中的每一个细胞)在每一世代中发生突变的几率，也就是在一定时间内突变可能发生的次数。不同生物以及不同基因的突变频率是不同的，一般高等动、植物中的基因突变频率平均为$10^{-8}\sim10^{-5}$，即10万至1亿个配子中有一个发生突变；细菌和噬菌体的突变率为$10^{-10}\sim10^{-4}$，即1万至100亿个细胞中就有一个突变体。

2.突变发生的时期和部位

从理论上讲，突变可以发生在生物个体发育的任何一个时期，在体细胞和性细胞中都可以发生。试验表明，发生在生殖细胞中的突变频率往往较高，而且是在减数分裂晚期、性细胞形成前较晚的时期为多。性细胞突变可以通过受精而直接遗传给后代。体细胞突变，由于突变细胞在生长能力上往往不如周围的正常细胞，因此，一般长势较弱甚至受到抑制而得不到发展。在家畜中，体细胞突变的一个例子是海福特牛的红毛部分出现黑斑，但这种突变在生物的育种或进化上都是没有意义的。

3.突变的多方向性

基因突变可以向多个方向进行,一个基因可以突变为 a_1、a_2、a_3 等,即突变成为它的复等位基因。例如,人类的 ABO 血型是复等位基因的典型例证之一。一个基因突变的方向虽然不定,但并不是可以发生任意的突变,这主要是由于突变的方向首先受到构成基因本身的化学物质的制约,同时受内外环境的影响,所以它总是在同样的相对性状的范围内突变,如家兔毛色的变异。

4.突变的重演性

同种生物中相同基因突变可以在不同的个体间重复出现,称为突变的重演性。例如,20世纪在挪威也重新出现过短腿安康羊,果蝇的白眼突变等。

5.突变的可逆性

基因突变的过程是可逆的。显性基因可以突变为隐性基因,如 A→a,称之为正突变;反之,隐性基因也可以突变为显性基因,如 a→A,称为反突变。突变的可逆性从事实上表明基因突变毕竟是以基因内部化学组成的变化为基础的,试验证明,作为遗传物质的 DNA 分子中一个碱基的改变,就可以导致一个基因发生突变。由此可知,突变不是遗传物质(如基因)的缺失造成的,否则便不可能回复突变了。

6.突变的有害性和有利性

多数事例表明,突变大多数不利于生物的生长发育。因为每种生物都是进化过程的产物,和环境条件已取得了高度的协调。如果发生突变,就可能破坏或削弱这种均衡状态。严重时,有的突变可以阻碍生物体的生存或传代。

也有少数突变能促进或加强某些生命活动,是有利于生物生存的,如作物的抗病性、早熟性和茎秆的矮化坚韧、抗倒以及微生物的抗药性等。有些突变虽对生物本身有害,而对人类却有利,短腿羊的短腿突变就是一例。所以突变的有利或有害是相对的。

(四)基因突变的应用

诱变能提高突变率,扩大变异幅度,对改良现有品种的某一性状常有显著效果;诱变性状稳定较快,可缩短育种年限;诱变的处理方法简便,有利于开展育种工作。因此,在动植物中,已作为一项常规育种技术广泛应用,而且已在生产上取得了显著成果。

在微生物选种中,现在已广泛应用诱变因素,来培育优良菌种。例如,青霉菌的产量最初是很低的,生产成本也很高。后来交替地用 X 射线和紫外线照射,以及用芥子气和乙烯亚胺处理,再配合选择,结果得到的菌种,不仅产量从 250 IU/mL 提高到 3 000 IU/mL,而且去掉了黄色素。在植物方面,应用诱变育种,已培育出许多优良品种,这个方法特别有利于改进高产品种的个别不良性状。

在动物方面,诱变试验首先是用果蝇做的,以后对家蚕、兔、皮毛兽等也做了一些试验,证明诱变有一定效果。但家畜家禽因身体结构复杂,生殖腺在体内保护较好,所以诱发突变比较困难,至今尚未取得理想的结果。

三、染色体畸变

在细胞分裂进程中,如果染色体活动异常,在数量和结构上发生变化,称为染色体畸变。引起染色体畸变的因素和基因突变一样,有自然因素与理化因素两大类。按畸变的性质,可以把染色体畸变分为数目畸变和结构畸变。

(一)染色体结构的变异

在性细胞减数分裂时,由于染色体断裂并以不同的方式重新粘接起来,造成染色体上基因的反常排列,称为染色体结构的变异。染色体结构的变异包括缺失、重复、倒位和易位4种类型。

1.缺失

缺失是指染色体上某一区段及其带有的基因一起丢失,从而引起变异的现象。丢失的区段如发生在两臂的内部,称为中间缺失,这种情况比较稳定而常见;如果缺失的区段在染色体的一端,称为顶端缺失。最初发生缺失的细胞内常伴随着断片存在,这种断片即染色体的一段,有时可以粘连到其他染色体上,进一步组合到子细胞核中,有的则以断片或以小环的形式暂时存在于细胞质中,经过一次或几次细胞分裂而最后消失。

缺失,主要是影响生物的正常发育和配子的生活力。影响的程度决定于缺失片段的长短和基因的重要性。体细胞内某一对同源染色体中一条具有缺失,另一条正常的个体,称为缺失杂合体;而具有缺失了相同区段的一对同源染色体的个体,则称为缺失纯合体。一般地说,缺失纯合体往往不能成活,缺失杂合体有时能成活,但在遗传上有反常的表现。缺失的遗传效应是破坏了正常的连锁群,影响基因间的交换和重组。如果染色体上显性基因丢失,会使隐性基因决定的性状像显性性状那样表现出来,这种现象称为假显性现象。

2.重复

指正常染色体上增加了相同的一个区段。重复区段如按原来顺序相接的称为顺接重复,如按颠倒顺序相接的称为反接重复。重复和缺失往往同时发生,一对同源染色体彼此发生非对应的交换,其中一条染色体重复,另一条染色体就发生缺失。

重复的遗传效应,同样可破坏了正常的连锁群,影响交换率。同时还可造成重复基因的"剂量效应",使性状的表现程度加重,如控制玉米糊粉层颜色的基因c的区段重复,颜色便会相应地加深。

3.倒位

指染色体上某一段发生断裂后,倒转180°又重新连接起来,它上面的基因在数量上虽无增减,但位置改变了。

倒位并没有改变染色体上基因的数量,但是改变了基因序列和相邻基因的位置,因而在表现型上产生了某些遗传变异,这种现象称为位置效应。倒位的遗传效应,也是改变了正常连锁群,影响交换率。当大段染色体倒位时,倒位杂合体表现高度不育。倒位纯合体的生活力并无影响。

4.易位

易位是指两对非同源染色体之间发生某区段的转移。如果是一个染色体的区段,转移到另一个非同源染色体上,称为单向易位;如果两个非同源染色体互相交换某区段,叫作相互易位。易位发生在非同源染色体上,造成了基因交换,但这和正常的同源染色体基因交换有本质的区别。

易位的遗传效应主要表现为改变了正常的连锁群,使原来同一染色体上的连锁基因经易位而表现独立遗传,反之,原来的非连锁基因也可能出现连锁遗传现象。相互易位染色体的个体,产生的2/3的配子是不育的。易位杂合体与正常个体杂交,其F_1有一半是不育的。

(二)染色体数目的变异

染色体数目的变异是指染色体数目发生不正常的变化。这种变化又可归纳为两种类型,即整倍体的变异和非整倍体的变异。

1.整倍体的变异

自然界中,多数物种的体细胞内含有两个完整的染色体组,即二倍体,但也有单倍体生物。雄蜂就是由未受精卵发育而成的单倍体生物。在植物方面如水稻、小麦等也曾发现过天然的单倍体,但其出现的频率很低。高等植物的单倍体和二倍体比较起来一般体型弱小,生活力差,并高度不育。在植物育种方面,把单倍体植物用人工处理变为二倍体,这样就能很快获得稳定的纯系,缩短育种年限,创造出新品种,这就是单倍体育种法。

生物体细胞内含有多于两个染色体组的称为多倍体。例如,含有三个染色体组的称三倍体($3n$),含有四个染色体组的称四倍体($4n$),等等。凡含有来源相同并超过二个染色体组的统称为同源多倍体,来源不同并超过二个以上染色体组的个体称为异源多倍体。如两个不同物种的二倍体生物杂交,它们的杂种再经过染色体加倍,就可能形成异源四倍体,我国已培育出异源四倍体小黑麦、异源八倍体小黑麦。

多倍体物种在植物界是很普遍的。因为大多数植物是雌雄同体或同花的,其雌雄配子常常可能同时发生不正常的减数分裂,使配子中染色体数目不减半,因而通过自体受精而自然形成多倍体。据估计,高等植物中多倍体物种约占65%以上,禾本科植物中约占75%。由此说明多倍体的形成在物种进化上的重要作用。

高等动物大多数是雌雄异体,而雌雄性细胞同时发生不正常的减数分裂机会极少,且染色体稍不平衡,就会导致不育,故动物界的多倍体是很少的。

2.非整倍体的变异

非整倍体是指在正常体细胞的基础上发生个别染色体的增减现象。按其变异情况又分为以下几种:

(1)单体。单体是指二倍体染色体组中某对染色体缺少一个的生物,故又称二倍减一($2n-1$)。如先天性卵巢发育不全的女人,其染色体组成是AA+XO,即性染色体缺少一条。

(2)多体。多体是指对于一个完整的二倍体染色体组,增加了一条或多条染色体的生物。如果二倍体中某一对染色体多一条($2n+1$),称为三体。如人类的"21三体综合征",即21号染色体多了一条,表现为先天愚型等综合征。如果二倍体某一对染色体多两条染色体($2n+2$),称为四体。如果二倍体中某两对染色体各增加一条染色体($2n+1+1$),称为双三体。

(3)缺体。缺体是指有一对同源染色体全部缺失($2n-2$)的生物。

以上所介绍的染色体数目变异类型,见表2-5。

表2-5 染色体数目的类型

类别	名称	符号	染色体组
整倍体	单倍体	$1n$	(ABCD)
	二倍体	$2n$	(ABCD)(ABCD)
	三倍体	$3n$	(ABCD)(ABCD)(ABCD)
	同源四倍体	$4n$	(ABCD)(ABCD)(ABCD)(ABCD)
	异源四倍体	$4n$	(ABCD)(ABCD)(ABCD)(ABCD)

续表 2-5

类别	名称	符号	染色体组
非整倍体	单体	$2n-1$	(ABCD)(ABC)
	三体	$2n+1$	(ABCD)(ABCD)(A)
	四体	$2n+2$	(ABCD)(ABCD)(AA)
	双三体	$2n+1+1$	(ABCD)(ABCD)(AB)
	缺体	$2n-2$	(ABC)(ABC)

(三)染色体数目变异在育种上的意义

利用染色体数目的变异进行育种，在植物方面已广泛应用。我国利用多倍体育种方法，已培育出许多农作物新品种，如三倍体无籽西瓜、多倍体小黑麦等。在动物育种方面，有人应用秋水仙素处理青蛙、鲫鱼、鲤鱼、兔子等动物的性细胞，获得了二倍体个体，但它们往往不育。所以目前多倍体育种方法在家畜生产实践中还没有得到实际应用。

利用染色体结构的变异在家蚕育种上，曾以 X 射线处理蚕蛹，使其第 2 号染色体上载有斑纹基因的片段易位到决定雌性的 W 染色体上，成为限性遗传。因而该易位品系的雌体与任何白蚕的雄体杂交，后代都是雌蚕有斑纹，雄蚕为白蚕，这样，可以做到早期鉴别雌雄，以便选择饲养，有利于提高蚕丝的产量和质量。

研究染色体畸变对诊断染色体病有重要意义。据报道，在西门塔尔牛、夏洛来牛、瑞典红白花牛中，已鉴定出 1/29 易位(即第 29 对染色体易位到第 1 对染色体上)。染色体易位的公牛常常生殖力下降。

【学习要求】

识记：显性性状、隐性性状、等位基因、纯合体、杂合体、测交、质量性状、数量性状、遗传力、重复率、遗传相关、基因突变、染色体畸变。

理解：(1)分离定律与自由组合规律的实践意义。

(2)引起变异的遗传因素及产生的遗传效应。

(3)伴性遗传在养殖业中有何应用。

应用：(1)根据猪场生产记录提供的信息，分析与配公、母猪和仔猪的毛色遗传现象，并能做出解释。

(2)分组讨论如何应用遗传的基本理论培育新品种。

Project 3

畜禽选种

学习目标

熟悉畜禽生长发育规律；了解不同生产用途畜禽的体质外形特点和种畜的外形鉴定方法；掌握性能测定、系谱测定、同胞测定和后裔测定的方法；学会系谱的编制与鉴定。

【学习内容】

任务一　畜禽的表型选择

选种就是从畜群中选出优良个体留作种用，同时淘汰不良个体。根据畜禽的生长发育、体质外貌和生产性能等资料来评定畜禽的品质是选种的基础，也是在育种实践中经常开展的一项工作。动物的生长发育是开展表型选择的基础，外形外貌和性能记录是表型选择的主要依据。根据表型选择，可以从畜群中初步选出比较优秀的公母畜，以满足育种需要。

一、畜禽的生长发育

(一)生长发育的概念

生长和发育是两个不同的概念。生长是指动物通过机体的同化作用进行物质积累、细胞数量增多和组织器官体积增大，从而使动物的体积及体重增加的过程。它是以细胞增大和分裂为基础的量变过程；如动物体重由小变大，体高由低变高等。发育是指畜禽达到体成熟前体态结构的改变和各种机能的完善，是以细胞分化为基础的质变过程。生长和发育既不能混淆，也不能截然分开，生长是体重的增加，发育是器官的分化与功能的完善，生长是发育的物质基础，而发育又促进了生长，并决定生长的方向。因此，生长是动物发挥潜在生产性能的基础，幼龄时期生长发育不良的动物将会直接影响其肥育、繁殖、泌乳、产蛋和使役等生产性能的充分发挥。

生长发育与生产力和体质外形密切相关，进行生长发育测定也较容易和客观，所以生长发育鉴定是畜禽选种的重要依据之一。

(二)研究生长发育的方法

畜禽的生长发育是遗传基础和环境共同作用的结果，很难根据单方面的观察在短时间内对畜禽的生长发育规律得出正确结论。通常研究生长发育的方法有观察衡量法和测量分析法。

1.观察衡量法

在长期的育种实践中，人类积累了许多关于畜禽生长发育方面的经验，如根据出牙、换齿、牙齿的磨损程度及数目、眼角皱纹、角轮数目等判断生产性能高低及畜禽年龄。这些都是对质量性状特征的一个描述，没有具体的量化指标来反映畜禽生长发育的准确情况。

2.测量分析法

测量分析法又称计算分析法，数量性状一般采用测量分析法。目前最常用的数量性状是体重与体尺的测量，测量后经过分析计算，获得有用的育种数据，才能准确判定畜禽身体发育的协调性。

(1)测量时间及要求。称重是用称量用具测量畜禽的体重，一般在初生、断奶、初配前后各称量一次，初配至成年每半年一次。体尺测量，是用测杖和卷尺来测量畜禽的体高、体长、胸围和管围。测量时数值一定要精确可靠，称重一般安排在早上饲喂前进行，体尺测量应注意畜禽的站立姿势和测具的使用方法。

(2)计算与分析

①累积生长。累积生长是指畜禽某一时期生长的最终重量或大小。所测得的体重或体尺，都代表该畜禽被测定以前生长发育的累积结果。若以年龄(月龄或日龄)为横坐标，体重为纵坐标，按已测数据，在对应年龄与体重之处画点连线，即成为累积生长曲线。在理论上，该曲线开始时上升很慢，之后迅速提高，经过一段时间又趋于缓慢，最后接近与横轴平行，故曲线呈 S 形(图 3-1)。实践生产中，该曲线形状因畜种、品种、季节、饲养管理等条件不同而有差异。

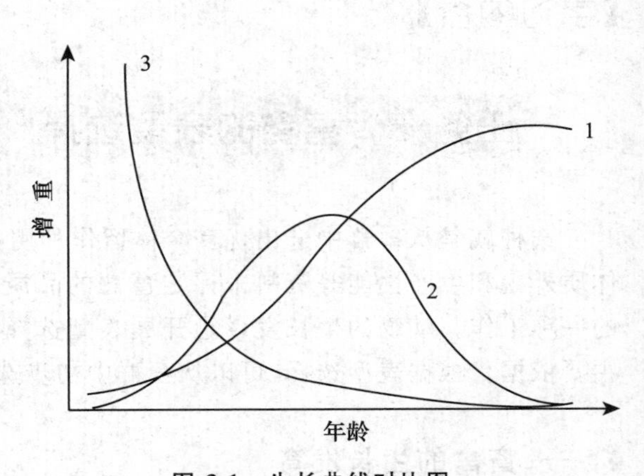

图 3-1　生长曲线对比图

1.累积生长曲线　2.绝对生长曲线　3.相对生长曲线

累积生长曲线的实际意义是动物出生初期，累积生长值小；到断奶或性成熟时，生长速度最快，曲线斜度大；到成年后，生长速度降低，曲线斜度变小，以后生长更为缓慢，以至于曲线接近平行横轴。这是动物生长的规律性。

②绝对生长。指在一定时间内体重或体尺的增长量，用以说明畜禽在某个时期内生长发育的绝对速度。绝对生长在生产上使用比较普遍，用以检查畜群的营养水平、评定畜禽优劣和制定各项生产指标的依据等。绝对生长用 G 表示，其计算公式：

$$G=\frac{w_1-w_0}{t_1-t_0}$$

式中：w_0—始重(即前一次测定的重量或体尺)；w_1—末重(即后一次测定的重量或体尺)；t_0—前一次测定的月龄或日龄；t_1—后一次测定的月龄或日龄。

如果把各个时期的绝对生长量用图来表示，可绘出绝对生长曲线，理论上呈钟状对称正态曲线(图 3-1)，其最高点相当于累积生长曲线上的转折点(即畜禽的性成熟期)。

③相对生长。相对生长是指畜禽在一定时间内的增重占始重的百分率，表明畜禽的生长强度。相对生长用 R 代表，计算公式如下：

$$R=\frac{w_1-w_2}{w_0}\times100\%\text{或}R=\frac{w_1-w_0}{\frac{w_1+w_0}{2}}\times100\%$$

若把各时期的相对生长率用图来表示，可绘出相对生长曲线(图 3-1)。从其生长曲线可以看出，相对生长随年龄增加而下降。因为动物在幼年时期新陈代谢旺盛，生长发育最强烈，到成年后，则生长强度趋于稳定，甚至接近于零。

(三)生长发育的一般规律

不同畜禽的生长发育，既具有共同规律，又有自身发育的特殊性。具体表现在生长的阶段性和发育的不平衡性。

1.生长发育的阶段性

畜禽个体发育过程，一般都是以出生前后作为界线将其分为胚胎期和生后期两个阶段。这是两个基本的生长关卡，即只有完成前一个生长期后，才可能转入另一个生长时期。每个时期又可根据生理解剖、生理机能、对生活条件的要求等情况，再分为若干阶段。

(1)胚胎时期。从受精卵开始到出生时为止，也称子宫发育时期。在这个时期，受精卵经过急剧的细胞分化和强烈的生长，发育成具有器官系统完整及复杂结构的有机体。此期又分为胚体期和胎儿期。

①胚体期：指从受精卵开始到与母体建立联系时为止。这一时期较短，但发育很快，生长很慢，因此重量较小。

②胎儿期：指幼小个体成型到出生前。其主要特征是各种组织器官迅速生长，体重增加很快，初生重的3/4在此期长成，同时形成了被毛与汗腺，品种特征逐渐明显可辨。

(2)生后时期。由胎儿出生开始，一直延续到个体衰老直至死亡的一段生长发育过程，也称子宫外发育时期。胎儿出生离开了母体，与外界建立了新的联系，在其一生中发生很大转变。根据生理机能特点，一般分为哺乳期、育成期、成年期和老年期。

①哺乳期：从初生到断奶时为止。此期的特点是生长迅速，增长很快，是生长最强烈的阶段，末期哺乳逐渐变为采食植物性饲料。

②育成期：从断奶到初配时为止。此期增重继续处于上升阶段，期末体重可达到成年体重的50%～70%。生殖器官发育成熟，体躯结构趋于固定，有配种受胎能力。

③成年期：从生理成熟到开始衰老。此期各种组织器官的机能发育完善，新陈代谢水平稳定，增重停止，生产性能达到高峰，生活力强，在饲料丰富的情况下，畜禽能够迅速沉积脂肪。

④衰老期：从衰老开始到老死。整个机体代谢水平开始下降，各种器官的机能逐渐衰退，饲料利用力和生产力随之下降，呈现各种衰老现象。一般在经济利用价值开始降低时，就可能被淘汰。

2.生长发育的不平衡性

畜禽生长发育过程中，无论表型部位和组织器官，部分还是整体，不同时期的绝对生长和相对生长，都不是按相同比例增长的，而是在不同的生长发育阶段，有规律地表现出高低起伏的不平衡状态。生产实践中，就是利用这种不平衡的规律性来控制畜禽有关性状的生长发育。

(1)体重增长的不平衡。畜禽在生长过程中，前期生长速度较快，随着年龄的增长，生长速度逐渐缓慢，生长速度由快向慢有一转折点，称为生长转缓点。绝对生长速度取决于年龄和起始体重的大小，呈现“慢—快—慢”的生长趋势。在生长转折点以下，日增重逐日上升；过转折点，逐日下降；转折点在性成熟期内(图3-2)。而相对生长速度随体重随年龄的增长而下降。畜禽增重与体重的比例的对数随体重变化，为一下降的直线。这表明动物体重或年龄愈小，生长强度愈大；从生产角度看，愈小的动物产出产品的效率愈高(图3-3)。

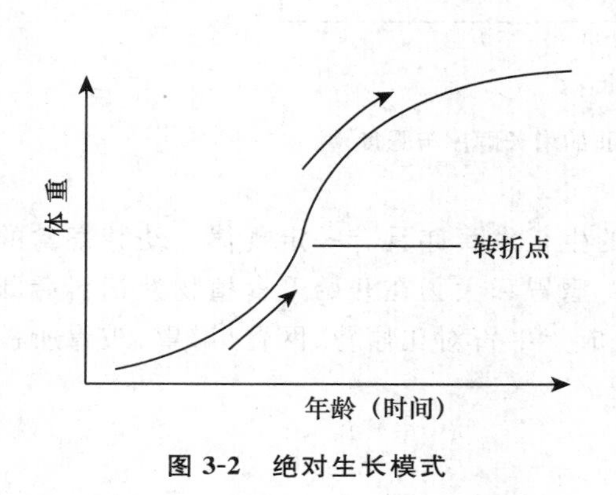

图3-2　绝对生长模式

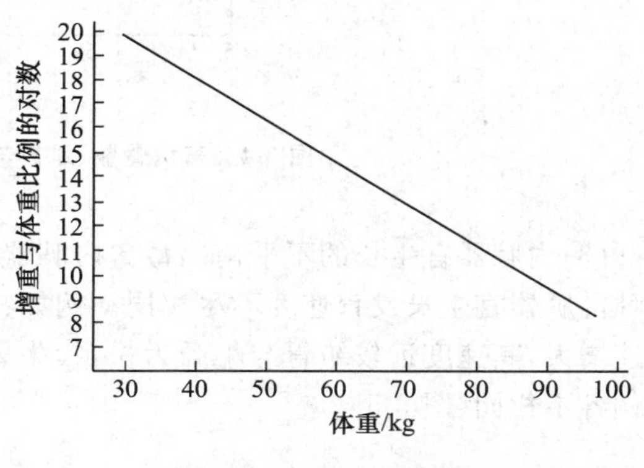

图3-3　相对生长速度

根据畜禽的生长规律，应充分利用畜禽的生长前期，即利用畜禽达到生长转缓点前生长速度快的特点，加强饲养促进其生长发育，以获得较大的生产效益。其次，应根据公、母畜生长率不同的特点，在饲养上自幼龄时期开始区别对待。如养羊业中，应充分利用羊只增长最快的有利时机及夏秋季饲草料丰盛的优势，实行季节养羊业，生产肥羔，及时出栏，减轻冬春草场压力，缓解羊群管理中的矛盾。

从畜禽生长强度分析，年龄越小生长强度越大，即胚胎时期比生后时期生长强度大。如羊的受精卵重量为 0.5 mg，初生重约为 3 kg，整个胚胎期的体重加倍次数为 22.52 次；成年体重为 60 kg，整个生后时期体重加倍次数仅为 4.32 次。总之，畜禽早期体重增长迅速，后期缓慢，在生产上应特别重视对怀孕母畜的饲养管理和对幼畜的培育。

(2)骨骼、肌肉和脂肪生长的不平衡。出生前四肢骨生长明显占优势，故出生时四条腿特别长，尤其是后肢；出生后，转为体轴骨生长强烈，四肢骨的生长强度开始明显下降，故成年时体躯加长、加深和加宽，四肢相对变粗变短。

体轴骨生长强度的顺序是由前向后依次转移，而四肢骨则是由下而上依次转移，这种生长强度有顺序地依次移行的现象称为"生长波"。从头骨开始，生长强度向后依次移行到腰荐部叫主生长波；从四肢下端开始，向上依次移行到肩部和骨盆部叫次生长波。主、次生长波汇合的部位，即"生长中心"。牛、羊等草食动物的生长中心在腰荐部，其生长强度旺盛时期出现得最迟，是全身最晚熟的部位，但又是出肉最多，肉质最好的地方。

畜禽生长初期以骨骼生长为主，其后肌肉生长加快，接近成熟时脂肪沉积增多乃至生长后期则以沉积脂肪为主(图 3-4)。畜禽体内肌肉、骨骼、脂肪三者的增长阶段并非截然划分，而是相互重叠，同时增长，只是在不同生长阶段其生长重点不同。

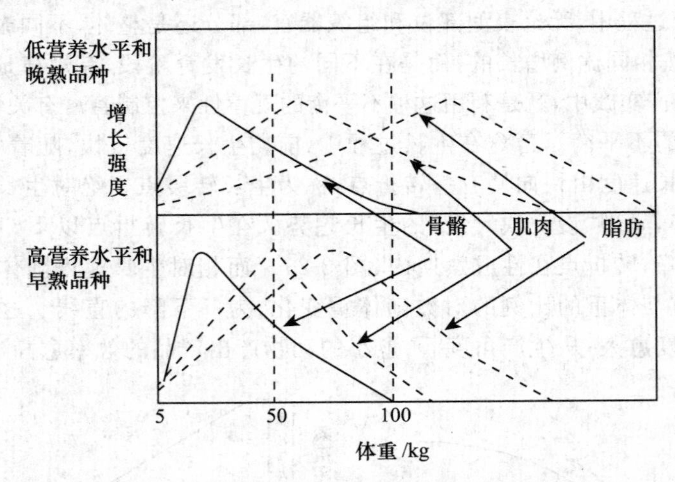

图 3-4　畜禽骨骼、肌肉与脂肪的增长顺序与强度

(3)内脏器官生长的不平衡。畜禽内脏器官的生长发育亦具有一定规律。幼龄畜禽的各种内脏器官生长发育速度不尽相同。例如：犊牛瘤胃和大肠在开始采食植物性饲料后即迅速增大，其速度远较皱胃与小肠为快，犊牛胃与成年牛胃对比瘤胃、网胃、瓣胃、皱胃所占比例各不相同(图 3-5)。

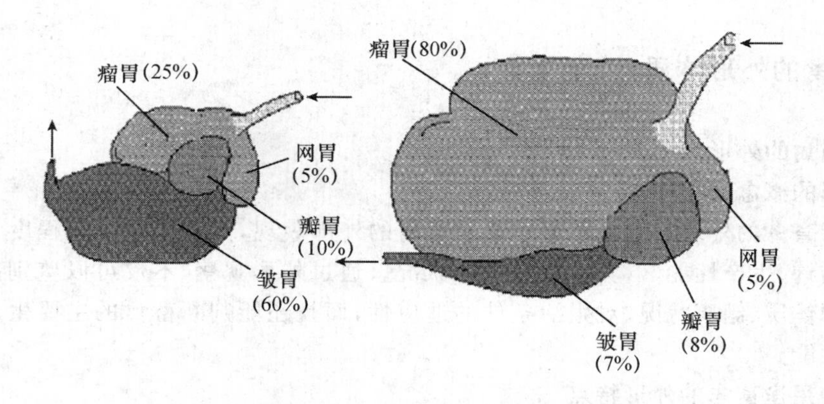

图 3-5 犊牛胃与成年牛胃对比

(4)外形部位的不平衡。不同时期外形部位的变化,与全身骨骼生长顺序密切相关。牛、羊等草食动物,其成年后的外形并不是幼畜身体各部分简单地等比例放大,幼畜也不是成年畜的固定缩影,而是各有其特殊的体态结构。出生前主要是体高与荐高生长较多;出生后不久,体长与颈长生长占优势;等成年后,胸深、胸宽和尻宽强烈生长。也就是说,一头幼畜从小到大的演变过程是,先长高后加长,最后变得深而宽,体重加大,肉脂增大。

(5)组织器官的不平衡。不同组织发育快慢的顺序是,先骨骼和皮肤,后肌肉和脂肪。脂肪沉积的部位,也随年龄不同而有区别。一般先贮存于内脏器官附近,其次肌肉间,之后于皮下,最后贮存于肌肉纤维中,形成"大理石纹"。各器官随年龄的增长,生长速度也不同,在系统发育中出现较早的器官,发育出现的较早,生长缓慢,结束较晚,如脑和神经系统。

(四)生长发育受阻

当畜禽生长发育所需要的饲养管理条件不良或不能满足要求时,引起畜禽生长发育停止、体重停止增长或减轻,外形和组织器官也会停止发育,这种现象称为发育受阻或发育不全。

1.发育受阻的类型

(1)胚胎型。草食动物在胚胎后期四肢骨生长最旺盛,母体营养不良时,使出生的个体到成年,都表现出头大体矮、关节粗大、四肢短,尻部低等胚胎期的特征。性机能方面可能正常,但早期发育的器官,如心脏和消化系统,可能出现程度不同的发育受阻。

(2)幼稚型。草食动物生后由于营养不良,使体躯的长度、深度和宽度发育受阻,成年后仍具有躯短肢长、胸浅背窄等幼龄时期特征。若营养不足延续到性成熟,性机能发育就会受到影响。

(3)综合型。畜禽在生前和生后都营养不良,致使体躯短小、体重不大、晚熟及生产力低,即带有胚胎型和幼稚型的部分特征。

2.发育受阻的补偿

发育受阻后,能否得到完全或部分的补偿,取决于受阻发生的时期和持续时间。受阻的时间越早,受阻延续的时间越长,得到完全补偿的可能性就越小;相反,补偿的可能性就越大。

发育受阻是实践中能够见到的现象,特别在北方的广大草原牧区,牛、羊全年以放牧为主,若遇到干旱年份或其他灾害,营养不足问题随处可见,可引起不同程度的发育受阻。

二、畜禽的外形体质

(一)畜禽的外形

1.外形的概念

外形指畜禽的外表形态。外形不仅是畜禽的外部表现,而且能在一定程度上反映出畜禽的内部结构、生产性能、营养水平和健康状况。通过外形观察,不仅可以鉴别品种、年龄,了解畜禽的体质、健康状况、对生活条件的适应性,而且还能判断畜禽的主要生产用途和大致的生产性能。

2.不同用途畜禽的外形特点

不同生产用途和不同性别的畜禽,其外形特征差别很大。要想准确地进行外形鉴定,就必须掌握不同生产用途畜禽的外形特征。

(1)肉用型。肌肉和皮下结缔组织发育良好,低身广躯,体形呈圆筒形。头短宽,颈粗厚,肩宽广,胸宽且深,背腰平直,后躯宽广丰满,四肢短小,皮肤松软有弹性。

(2)乳用型。后躯比前躯发达,中躯相对较长,体形呈三角形。全身清瘦,棱角突出,体大肉不多。头清秀而长,颈长而薄,胸深长,背腰宽平,腹圆大,乳房大呈四方形,乳静脉粗多弯曲,乳井大,皮肤薄而有弹性。

(3)蛋用型。目前蛋用禽主要是鸡、鸭、鹅等。头颈宽长适中,胸宽深而圆,腹部相对发达,整个体形小而紧凑,毛紧、腿细,身体呈船形。

(4)毛用型。全身被毛密度大,皮薄有弹性,四肢长,体形窄,呈长方形。头宽大,颈中等长,颈肩结合良好,颈上通常有横皱褶;肋部圆拱,背腰平直,四肢长而结实。目前常见的毛用畜有绵羊,山羊、兔等。

(二)畜禽的体质

1.体质的概念

体质就是人们通常所说的身体素质,是机体机能和结构协调性的表现。家畜有机体是一个复杂的整体,只有在有机体各部分、各器官间以及整个有机体与外界环境间保持一定协调的情况下,畜禽才能很好地发育和繁殖,才能充分发挥其生产性能。

体质和外形是紧密联系、不可分割而又有所区别的。外形是体质的外在表现,是体质的组成部分,其概念偏重于“样子”,而体质的概念偏重于机能。二者均与生产性能和健康状况有关,因此在外形鉴定时,应将体质与外形有机地结合起来进行。

2.体质的分类

在畜牧生产和育种工作中,通常将畜禽的体质分为结实型、细致紧凑型、细致疏松型、粗糙紧凑型、粗糙疏松型 5 种类型。

(1)细致紧凑型。这类畜禽的骨骼细致而结实,头清秀,角蹄致密有光泽,肌肉结实有力,皮薄有弹性,结缔组织少不易沉积脂肪。外形清瘦,轮廓清晰,新陈代谢旺盛,反应灵敏,动作迅速敏捷。乳牛、细毛羊、蛋用型鸡多为此种体质。

(2)细致疏松型。这类畜禽的结缔组织发达,全身丰满,皮下及肌肉内易积贮大量脂肪。它的肌肉肥嫩松软,同时骨细皮薄。体躯宽广低矮,四肢比例小。代谢水平较低,早熟易肥,神经反应迟钝,性情安静。肉用畜禽多为此种体质。

(3)粗糙紧凑型。这类畜禽骨骼粗壮结实,体躯魁梧,四肢粗大强健有力,骨骼间相互靠的较紧,中躯显得较短而紧凑,皮肤粗厚,皮下脂肪不多,适应性和抗病力较强。役畜、粗毛羊多为此种体质。

(4)粗糙疏松型。这类畜禽骨骼粗大,结构疏松,肌肉松软无力,易疲劳,皮厚毛粗,反应迟钝,繁殖力和适应性均差。这是最不理想的一种体质,在选种时应该淘汰。

(5)结实型。这种体质类型的畜禽,身体各部分协调匀称,皮、肉、骨骼和内脏的发育适度。骨骼坚实而不粗,皮紧而富有弹性,肌肉发达而不肥胖。外表健壮结实,对疾病抵抗力强,生产性能表现良好。这是一种最为理想的体质类型,种畜应具有这种体质。

三、畜禽的生产力

(一)生产力的概念

生产力是指畜禽给人类提供产品的能力。在畜禽育种实践中,生产力是重点选择的性状,是表示畜禽个体品质最现实的指标。饲养畜禽的目的就是要生产更多更好的畜产品,有更高的饲料报酬和更高的经济效益。正确的评价并计算生产力,对育种工作具有重要意义。

(二)生产力种类

一般情况下,可将畜禽生产力分为五大类,即产肉力、产乳力、产毛力、产蛋力和繁殖力。

1.产肉力

评定产肉力的指标主要有:活重、日增重、饲料利用率、屠宰率、瘦肉率、膘厚、眼肌面积、肉的品质等。

2.产乳力

评定产乳力的指标主要有:产乳量、乳脂率、乳蛋白率、乳干物质率、排乳速度、牛乳的体细胞指数等。

3.产毛力

评定产毛力的指标主要有:剪毛量、净毛率、毛的品质(长度、密度、细度)、抓绒量、裘皮和羔皮品质等。

4.产蛋力

评定产蛋力的指标主要有:产蛋量、蛋重、蛋的品质(蛋形、蛋壳色泽和厚度、蛋黄量、血斑)等。

5.繁殖力

评定雄性动物繁殖力的指标主要有精液品质指标(射精量、活力、密度等)、性发育指标(初情期、性成熟期)以及配种受胎率等。雌性动物常用指标有受胎率、繁殖率和成活率等。

(三)评定家畜生产力应注意的问题

1.全面性

应兼顾产品的数量、质量和生产效率。在产品数量相近的情况下,应选择品质好的留种;在产品质量相似的情况下,则选择产量高的留种。

2.一致性

应在相同条件下评比。因生产力受各种内外因素的影响和制约,因此,要保证评定的准确性和合理性,就必须使畜禽所处的环境和饲养管理条件保持一致,而且性别、年龄、胎次也要尽可能一致。在生产实践中，应利用相应的校正系数，将实际生产力校正到相同标准条件下的生产力，以利评比。

任务二　畜禽体型外貌鉴定

一、目的

通过实训，熟悉畜禽主要生产性状的测量，初步掌握畜禽的外貌鉴定标准和具体鉴定方法，培养学生通过体型外貌和生产性状来评定畜禽优劣的能力。

二、原理

(1)不同畜禽品种其外貌特征不同，通过对畜禽的外貌特征进行鉴定，精确记载畜禽体格特征，在畜禽育种和地方畜禽品种调查工作中非常重要。

(2)通过对畜禽体尺测量，包括体长、体高、胸围及管围，了解畜禽体躯各部分的生长发育情况，对畜禽的生长规律研究提供理论资料。

三、仪器设备及材料

(1)测杖、皮卷尺、圆形测定器、牛鼻钳等。

(2)成年荷斯坦母牛、分娩后 60～150 d 的母牛若干头。

(3)奶牛外貌鉴定评分表、外貌鉴定等级表和体尺测量表。

四、方法与步骤

(一)肉眼鉴定

肉眼鉴定就是通过观察畜禽的整体及各个部位，并辅助以手摸和行动观察，来辨别其优劣。鉴定原则是：先粗后细，先整体后局部，先静后动，先眼后手。即鉴定时，按照先概观后细察，先远后近，先整体后局部的步骤及程序，先静后动与畜禽保持一定距离（一般 3 倍于畜禽体长），由前一侧一后一另一侧进行整体结构观察，以了解其体形是否与生产力方向相符、体质是否健康结实、结构是否协调匀称、品种特征是否典型、生长发育和营养状况是否正常、有何主要优缺点。获得轮廓认识，再详细审查各重要部位。最后综合分析，定出优劣和等级。

肉眼鉴定的优点是不受时间、地点等条件的限制，不用特殊的器械，简单易行。鉴定时，畜禽也不至于过分紧张，可以观察全貌。其缺点是鉴定中常带有主观性，要求鉴定人员要有丰富的实践经验，并对所鉴定畜禽的品种类型、外形特征有深入的了解。

(二)评分鉴定

评分鉴定是指在评定前,根据畜禽各部位在生产及育种上的重要性,定出最高分或系数,同时对每个部位规定理想标准,鉴定人依据评分表对畜禽进行系统的外形鉴定。评分一般为百分制,对各部位规定出最高分的标准,然后对每个部位逐一评定,分别给予评分,最后将每个部位的分值加在一起求出总分,即为该个体的外貌鉴定总得分。

荷斯坦奶牛评分标准及等级见表 3-1 和表 3-2。

表 3-1 荷斯坦奶牛外貌评分标准

项目	给满分标准	评分	
		公牛	母牛
整体结构	体质结实、结构匀称、发育好,体尺、体重符合育种指标,有品种特征,花片分明,公牛有雄相	30	30
体躯	胸宽深,背腰平直,公牛腹部适中,母牛腹大而不垂,毛细而有光泽	40	20
乳房	乳房大,前后伸延附着良好,乳头大小适中,分布均匀,排乳速度快,乳静脉明显曲折,乳井深	—	30
四肢	健壮结实,肢势良好,蹄形正,质地坚实	30	20
合计		100	100

表 3-2 荷斯坦奶牛等级与外形总分关系表

等级	特级	1 级	2 级	3 级
种公牛	>85	80～84	75～79	70～74
母牛	>80	75～79	70～74	65～69

(三)体尺测量鉴定

体尺测量鉴定是指通过测量工具测出畜禽某些体尺数值,并根据一定的计算公式计算出体尺指数,以反映畜禽各部位的发育情况,进而说明畜禽的外形结构特征。这种方法可以避免肉眼鉴定带有的主观性,可以用具体的数值定量的描绘出畜禽的外貌特征。主要体尺指标包括:

(1)体高。用测杖测量髫甲最高点至地面的垂直距离。先使主尺垂直竖立在畜体左前肢附近,再将上端横尺放于髫甲的最高点(横尺与主尺需呈直角),即可读出主尺上的高度。

(2)体长。肩端前缘到臀部后缘的直线距离,用测杖和卷尺都可测量,前者得数比后者略小一些,故在测量时应注明所用何种工具。

(3)胸围。用卷尺在肩胛后缘处测量的胸部垂直周径。

(4)管围。用卷尺量取管部最细处的水平周径,其位置在左前肢掌骨的上 1/3 处。

对量取的体尺数据,应根据研究目的进行整理,有时需要计算体尺指数。如

胸围指数＝胸围/体高×100％,表示体躯的相对发育程度;

管围指数＝管围/体高×100％,表示骨骼发育情况;

体尺指数＝体长/体高×100％,表示体长和体高的相对发育情况。

五、注意事项

(1)进入牧场和畜舍前要注意消毒,并保持安静。

(2)接触畜禽时,应从其左前方缓慢接近,并注意有无恶癖,确保人身安全。

(3)对所鉴定畜禽的品种类型、外形特征要有正确的掌握,在全面观察的基础上进行局部观察,把局部与整体结合起来,要注意膘情、妊娠及年龄等对外貌的影响。

(4)凡有窄胸、扁肋、凹背、尖尻、不正肢势及隐睾、单睾等严重缺陷的畜禽,都不能留种。

(5)将量具轻轻对准测量点,并注意器具的松紧程度,使其紧贴体表,不能悬空量取。

(6)所测畜禽站立的地面要平坦,不能在斜坡或高低不平的地面上测量,站立姿势也要保持正确。

六、作业

每人鉴定 2～3 头荷斯坦母牛,测量 3 头牛体尺,并评定出体型等级,并填入下面表中。

序号	耳号	体高	体长	胸围	管围	外貌	备注
1							
2							
3							
4							

任务三　种畜禽的测定

一、性能测定

(一)性能测定的概念

性能测定又称生产力测定,是根据个体本身成绩的优劣决定选留与淘汰。性能测定的进展取决于被选择性状的基因型与表现型间的相关程度,遗传力高的性状,它们的相关程度高,性能测定的效果就好。

性能测定,主要应用于肉用畜禽。因为这些畜禽的主要经济性状,如日增重、体格大小、饲料利用率等性状的遗传力较高,而且能够进行活体测定,所以根据本身生产性能直接选择的效果好。目前,世界各国对猪的肉用性能的选择,几乎都是用性能测定来代替后裔测定。

(二)测定性状选择的原则

1.测定性状具有一定的经济价值

所选择的性状应该从经济学观点出发,可根据该性状的经济重要性来确定是否进入所选测定性状。因为畜禽的遗传改良目的是生产者获得最大的经济效益，当然还要用发展的眼光来看待一个性状是否有经济意义，有的性状虽然目前的经济价值不大，但以后可能会有重要的经济价值。

2.测定性状的表现型具有一定的遗传基础

具有一定遗传基础的性状是进行畜禽遗传改良的前提。因此，在选择性状时要考虑该性状是否具有从遗传上改进的可能性。

3.选取的性状应符合生物学规律和生产实际

生物学规律是生物个体在长期进化过程中形成的习性或规律，故选择性状时要尽可能符合生物学规律，例如在奶山羊的产奶性能上，用泌乳期产奶量就比用年产奶量更符合奶山羊的泌乳规律。对于不能活体测定或不方便测定的性状要用相关的性状代替，如瘦肉率性状可用背膘厚性状来代替。

(三)性能测定的形式

性能测定一般分为生产现场测定和测定站测定两种形式。在畜牧业发达国家，通常在生产现场测定的基础上，分别从各个生产现场选出一部分优秀后备公畜，送到测定站进行比较测定，最后选出优秀种畜，以使畜群水平不断提高。

1.生产现场测定

生产现场测定就是在畜禽所在的畜牧场进行测定，测定结果只供本场选种时应用。各场的记录由于测定条件不同，不能互相比较，在育种过程中，通常强调建立场间遗传联系，各场使用共同公畜或母畜的后代，便于剔除和比较场间效应，以便于进行跨场遗传评定。畜禽性能测定时，繁殖性能一般在场内测定，包括初产日龄、窝产仔数、初生窝重、断奶窝重等。

2.测定站测定

测定站测定是把要测定的畜禽集中到同一地点，在同样的环境条件、相同标准下进行性能测定。因此即使来自不同畜牧场的畜禽，也可以互相进行比较评选出优劣。目前在对猪性能测定时，生长性能及胴体品质测定一般在测定站测定，包括日增重、饲料转化率、背膘厚、屠宰率、眼肌面积、肉色、pH、系水力、大理石纹评分等，测定结束后根据要选择的性状的育种值或选择指数以确定是否留作种用。蛋鸡和肉鸡也做测定站测定，其目的不是选出高产个体，而是为了测定某个群体的性能。

(1)优点。被测定畜禽在同样的环境条件下进行测定，就控制环境条件的变异对畜禽生产性能的影响；测定结果具有客观性和中立性；便于设备的配备和管理。

(2)缺点。测定规模有限，选择强度也相应较低；测定成本较高；由于遗传与环境的互作效应，使测定结果与实际情况产生偏差，代表性不强；被测个体在运输过程中，易传播疾病。

测定站测定要求全国有统一的性能测定标准，对整个过程，包括仪器的精密度、分析方法以及数据的收集，都做详细的规定，保证性能测定结果的客观和准确性。建立测定站测定目的是创造相对标准的、统一的测定方法，对供测种畜性能做出客观而公正的评价，便于进行个体间的比较，从而选出理想的种畜加以扩大利用。

(四)性能测定的方法

1.性状比值法

这种方法主要用于单性状的性能测定。

$$性状比值=\frac{个体性状表型值}{畜群同一性状均值}\times 100\%$$

例如，猪育肥性能测定试验，全群平均日增重为 600 g，其中 A 个体为 700 g、B 个体为 500 g，则 A、B 个体的性状比值分别为 117% 和 83%。即对畜群日增重性状改良而言，A 个体是改良者，作用为 +17%；B 个体使非改良者，作用为 −17%。

2. 指数选择法

这种方法主要用于多性状的性能测定。选择指数为

$$I=\frac{ax_1+bx_2+cx_3+\cdots}{N}$$

式中：a、b、c 为系数，按形状重要性确定；N 为系数之和或性状数目；x 为性状比值。若是反向选择的性状，系数与性状比值的积应为负值。

二、系谱测定

系谱测定是将两头以上的被鉴定畜禽系谱放在一起比较，选出祖先较优秀的个体留作种用。其目的在于通过分析各代祖先的生产性能、发育情况及其他资料，来推断其后代品质的优劣，估计其近似种用价值，以便确定其是否留种。

下面以北京市种公牛站的东 30285 和 0147 两头公牛系谱为例（图 3-6、图 3-7），说明测定方法。

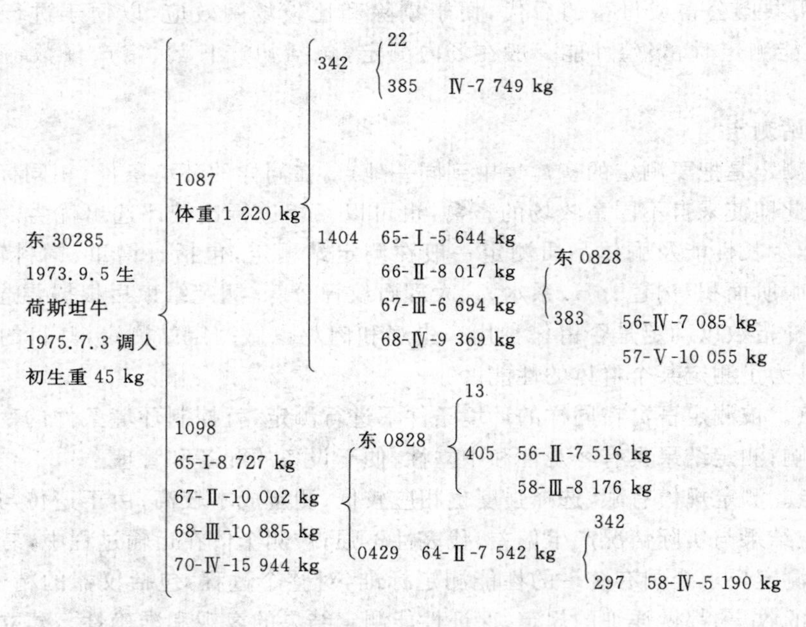

图 3-6　东 30285 公牛横式系谱

畜禽遗传育种

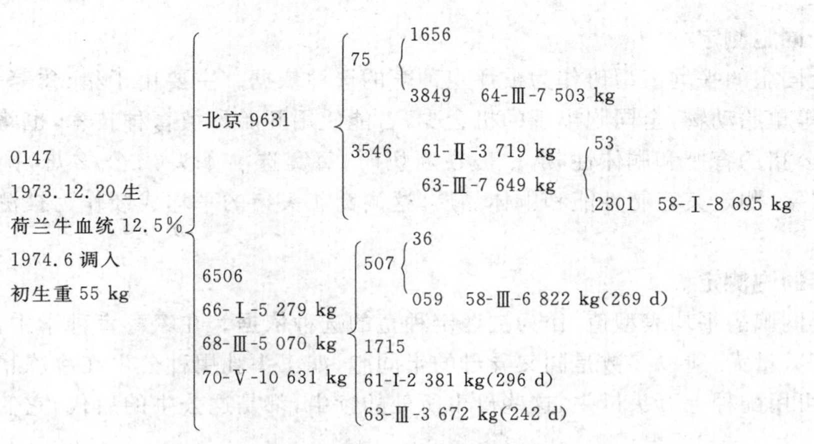

图 3-7 0147 公牛横式系谱

系谱测定时应注意以下几点：

(1)两系谱要进行同代祖先比较，即亲代与亲代，祖代与祖代，父系与母系祖先分别比较。

(2)重点应放在亲代的比较上，然后是祖代，血统越远影响越小。

(3)在比较时以生产性能为主，同时也应注意有无近交和遗传缺陷等。

(4)系谱测定适应于种畜幼年和青年时期本身无产量记录及种公畜的限性性状的选择。

这两头牛都是1973年生。从母方比较，东30285的母亲比0147的母亲第一、三胎产奶量分别高3 448和5 815 kg，1098号第4胎比6506号第5胎高5 313 kg。东30285的外祖母比0147号的外祖母各胎产奶量也高得多。外祖父的母亲同是第3胎产奶量，405比059号高1 354 kg。东30285的母方，不但产奶量高，而且各代呈上升趋势。从父方比较，东30285的祖母比0147的祖母二胎产奶量高4 298 kg，但第3胎的产量0147的祖母高。东30285的祖母的母亲产量不如0147的祖母的母亲产奶量高。东30285祖父的母亲产奶量略高于0147祖父的母亲。两系谱中都缺少各代公畜的测定资料，母畜缺少乳脂率测定资料。仅就现有资料来看，东30285号比0147号好。

三、同胞测定

同胞测定就是根据个体兄弟姐妹的平均表型值来确定个体的种用价值。对于一些限性性状，如鸡的产蛋、牛的产奶、猪的产仔。在选择公畜时，虽然可以从系谱和后裔的资料加以评定，但是系谱选择对数量性状的准确性有限，而后裔选择又延长了世代间隔，降低了遗传进展。还有一些在活体上难以度量的性状和根本不能度量的性状，如瘦肉率和胴体品质，个体选择更为困难，这时可以采用同胞选择的方法。根据半同胞的成绩选择产奶量和产蛋数，根据全同胞的成绩选择屠宰率、瘦肉率和胴体品质。

目前，随着超数排卵和胚胎移植技术在动物育种中的应用，在短期内可以获得较多的全同胞和半同胞，并可根据同胞的生产性能来评定公畜，以代替传统的后裔测定方法，从而使世代间隔缩短，遗传进展大大加快。同胞测定方法有全同胞测定、半同胞测定和全同胞-半同胞混合家系测定等方法。

(一)全同胞测定

利用全同胞的平均表型值作为被评定种畜的选种依据。主要用于猪、禽等多胎动物,而对于牛、马等单胎动物,全同胞出现的机会少,若能使用胚胎移植育种技术,也将具有实际意义。例如,公猪的育肥和胴体性状,一般在断奶时,每窝选出 4 头(2 公/2 母)同圈饲养到一定体重时屠宰,测定其育肥性能和胴体品质,这同窝 4 头猪的平均成绩作为被测个体的同胞测定依据。

(二)半同胞测定

利用半同胞的平均表型值,作为被评定种畜的选种依据。在家畜育种学中,由于公畜可配种的母畜数量大,所以多数是同父异母的半同胞,如 1 头乳用种公牛在冷冻精液人工授精的条件下,可用配种上万头母牛,这些母牛所处的犊牛,都是这公牛的后代,它们相互之间是半同胞。

(三)全同胞-半同胞混合家系测定

利用全同胞和半同胞混合群的表型平均值作为评定种畜的选种依据。在多胎家畜和禽类选种中应用十分广泛。如鸡的家系选种,有甲、乙两个家系,家系成员包括全同胞、半同胞,每个家系各选择一定数量的全同胞和半同胞进行测定,如果甲家系的测定成绩超过乙家系,则选择甲家系的鸡留种。

同胞测定法在当代可得到评定结果,可以缩短世代间隔,进行早期选种,所以同胞测定常被用作青年种畜的选择依据。

四、后裔测定

后裔测定是以种畜的后裔成绩作为选择的依据,它是在相同的条件下,对一些种畜的后裔成绩进行比较,按其各自后裔的平均成绩,确定种畜的选留和淘汰。后裔测定是评定种畜最可靠的方法,但后裔测定需时间长、耗费多、组织工作复杂,多用于种公畜的测定。

(一)后裔测定的方法

1.母女对比法

即通过女儿成绩和母亲成绩的比较来判断种公畜的优劣。当女儿成绩超过母亲成绩,则该公畜被认为是“改良者”;如果女儿成绩和母亲成绩相似,则该公畜是“中庸者”;女儿成绩低于母亲成绩,则该公畜被认为是“恶化者”。

母牛对比法的优点是简单易行;缺点是母女所处年代不同,存在生活条件的差异,对鉴定的经济性状可能产生不同的影响。如测定产奶量,母女双方产奶时间处于不同年代,也可能处于不同季节。母女双方所处的饲养管理条件和气候条件不同,对它们的产奶量可能产生不同影响。

另外,一头种公畜在某一畜群中可能表现为“改良者”,而转到另一畜群,则可能成为“恶化者”,即不存绝对的“改良者”或“恶化者”。如一头种公牛,当它与平均年产乳量为 3 500 kg 的母牛群交配时,其所生女儿的产乳量普遍高于母亲,说明它是“改良者”,但当它与平均年产乳量为 7 000 kg 的母牛群交配时,就未必是“改良者”。

2.公牛指数法

该指数主要用于奶牛生产中,由于公牛不产奶,不能度量其产奶量,但公牛对产奶量方面是有其遗传影响的。为了衡量公牛产奶量的遗传性能，提出使用“公牛指数”这个指标。公牛指数是按照公牛和母牛对女儿性能有同等影响的原则制定的。因此女儿的产乳量等于其父母产乳量的平均数，即 $D=1/2(F+M)$，该关系式可以转换为公牛指数公式：

$$F=2D-M$$

式中：D 为女儿的平均产乳量；F 为父亲的产乳量(公牛指数)；M 为母亲的平均产乳量。

用这个指数来测定公牛，其缺点与母女对比法基本相同；优点在于公牛的质量有了具体的数量指标，各公牛间可以相互比较。在饲养管理基本稳定的牛群，这种后裔测定的方法不失为一种既简单易行又比较准确的方法。这个指数虽然主要用于鉴定公牛产奶量的遗传性能，但同样可以推广到其他限性的数量性状，如乳脂率、产蛋量、蛋重、泌乳速度、产仔数等。

3.同期同龄女儿比较法

是指被测公牛的女儿与其同期(在同一季节内)产犊的其他公牛的女儿进行比较，广泛用于奶牛业中。例如，被测小公牛达 12～14 月龄时开始采精，将其精液在短期内分散到各奶牛场随机配种 200 头母牛，待产生的女儿与同场同期的其他公牛的女儿第一胎平均产奶量进行比较。此法优点是配种、产仔时间一致，且同一个场内各公牛后代的饲养管理条件相同，误差较小。

(二)后裔测定的注意事项

1.各公畜和与配母畜的水平一致

用后裔测定比较几头公畜时，应减少由母畜引起的差异。通常用随机交配的方法，或组成类似的母畜个体群与不同的公畜交配。对妊娠期短的畜种，还可以采用不同公畜在不同季节与同一群母畜交配，比较它们后代品质。

2.环境条件一致

后代的年龄、饲养管理条件应尽量达到一致，以减少环境条件所引起的差异。

3.要有一定的后裔数量

后裔数目越多，鉴定结果越准确可靠。根据后裔所表现的性状进行选种时，其准确度与性状的遗传力及后裔的头数有关。当性状遗传力低时，后裔数量应不少于 10 头；当性状遗传力高时，根据 10 头后裔的成绩选种，即可达到较好的效果。

4.资料统计无遗漏

在资料整理中，无论后代表现优劣，都要统计在内，严禁只选择优良后代进行统计。

5.要进行全面分析

后裔测定除突出某一项的主要成绩外，还应全面分析其体质外形、生长发育、适应性及有无遗传缺陷等。

任务四　畜禽系谱编制

一、目的

掌握几种个体系谱的编制方法，熟悉群体系谱的编制方法。培养学生独立完成各类系谱的编制及不同系谱间的转换。

二、原理

(1)系谱是系统地记载个体及其祖先情况的一种文件。系谱一般记载3～5代,主要记录种畜的主要经济性状,包括数量性状和质量性状。数量性状主要记录:生产性能成绩、体质外貌的评分等级以及主要的体尺指标等;质量性状主要记录:形态特征和有害损征的有无。

(2)竖式系谱编写原则:子代在上,亲代在下,公畜在右,母畜在左。

(3)横式系谱编写原则:子代在左,亲代在右,公畜在上,母畜在下。

三、仪器及材料

以甘肃省种公牛站编号为10的荷斯坦公牛为例,其生产记录资料如下:

荷斯坦品种牛10号,初生重43 kg,成年体重1 250 kg,外貌特级,其父为11号,母亲为13号。母亲的产奶成绩:Ⅲ-3 947-3.49,Ⅳ-5 427-3.45。

11号的父亲是22号,母亲为25号,产奶成绩:Ⅲ-6 675-3.52。25号的父亲是22号,母亲为35号,产奶成绩:Ⅳ-4 730-3.52。

13号的父亲是22号,母亲是21号,产奶成绩:Ⅲ-6 675-3.69。21号的父亲是36号,母亲为37号,产奶成绩:Ⅳ-7 102-3.78。

四、方法与步骤

(一)竖式系谱

竖式系谱各祖先血统关系的模式:种畜的名或号写在上面,下面依次是亲代(Ⅰ)、祖代(Ⅱ)和曾祖代(Ⅲ)。每一代祖先中的公畜记在右侧,母畜记在左侧。竖式系谱的格式如图3-8所示。

种畜的畜号或名字

Ⅰ	母				父			
Ⅱ	外祖母		外祖父		祖 母		祖 父	
Ⅲ	外祖母的母亲	外祖母的父亲	外祖父的母亲	外祖父的父亲	祖母的母亲	祖母的父亲	祖父的母亲	祖父的父亲

图3-8 竖式系谱结构图

在实际编制过程中,祖先一般都用名、号来代表,各祖先的位置上可以记载生产性能和体尺测量结果等。体尺资料记载方法按体高—体长—胸围—管围的顺序填写;产奶性能按××年—胎次—产奶量—乳脂率的顺序填写。

以10号荷斯坦奶牛公牛的竖式系谱为例(图3-9)。

10号公牛,初生重43 kg,成年体重1 250 kg,外貌特级

13 Ⅲ-3 947-3.49,Ⅳ-5 427-3.45				11			
21 Ⅲ-6 675-3.69		22		25 Ⅲ-6 675-3.52		22	
37 Ⅳ-7 102-3.78	36	—	—	35 Ⅳ-4 730-3.52	22	—	—

图 3-9 10号种畜竖式系谱

(二)横式系谱

横式系谱各祖先血统关系的模式(图 3-10):种畜的名字记载系谱的左边,历代祖先依次向右记载,父在上,母在下,愈向右祖先代数愈高。

10号荷斯坦公牛的横式系谱示例如图 3-11 所示:

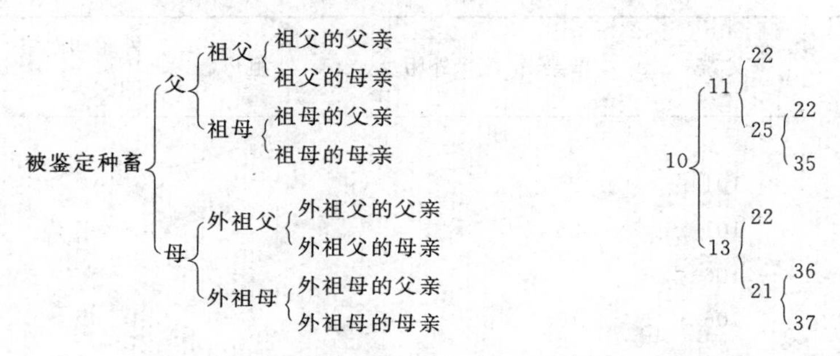

图 3-10 横式系谱结构图

图 3-11 10号种畜横式系谱

(三)结构式系谱

结构式系谱比较简单,无须注明各项内容,只需能表明系谱中的亲缘关系即可。其编制原则如下:

(1)公畜用方块"□"表示,母畜用"○"表示。

(2)绘图前,先将出现次数多的共同祖先找出,放在一个适中的位置上,以免线条过多交叉。

(3)为使制图清晰,可将同一代的祖先放在一个水平上。有的共同祖先在几个世代中重复出现,则可将它放在最早出现的那一代位置上。

(4)同一头家畜,不论在系谱中出现多少次,只能占据一个位置,出现多少次即用多少根线条来连接。

现仍以荷斯坦公牛10号为例,给出结构式系谱如图 3-12 所示:

代数	应有祖先	实有祖先
Ⅰ	2	2
Ⅱ	4	2
Ⅲ	8	4

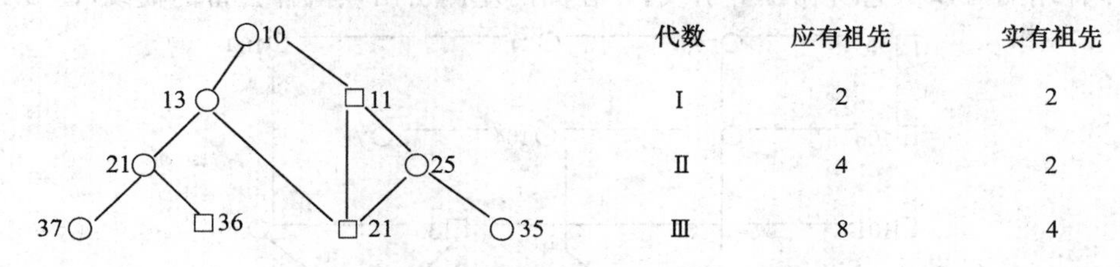

图 3-12 10号种畜结构系谱结构图

(四)箭头式系谱

箭头式系谱是专供作评定亲缘程度时使用的一种格式,凡与此无关的个体都可不必写出。

现仍以荷斯坦公牛 10 号为例,给出箭头系谱如图 3-13所示。

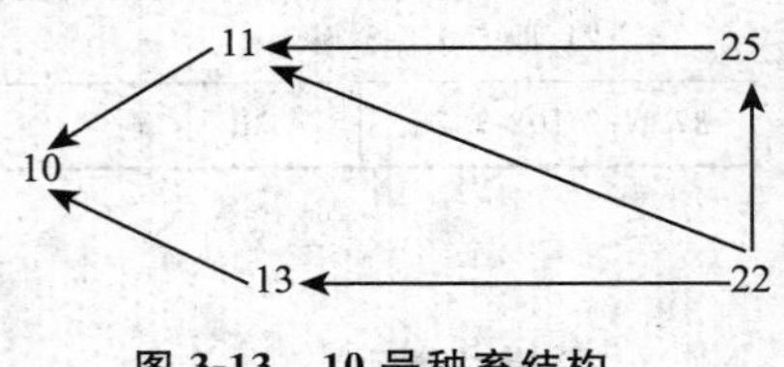

图 3-13　10 号种畜结构系谱结构图

(五)畜群系谱

畜禽系谱是为了整个畜群统一编制的,通过畜群系谱有助于我们全面了解畜群情况和组织育种工作。编制步骤如下:

1. 编制群体母系记录表

形式如表 3-3 所示。

表 3-3　群体母系记录表

畜号	性别	父亲	母亲	外祖父	外祖母	外祖母的父亲	外祖母的母亲
12	♀						
35	♂	101	25				
36	♀	101	25				
104	♀	106	12				
51	♀	106	12				
71	♀	106	25				
79	♀	35	104	106	12		
150	♀	35	51	106	12		
109	♀	35	36	101	25		

2. 绘制草图

根据群体母系记录表,在公畜各列中查出留有后代的公畜号,按其利用的先后由下而上写在图的左侧(以□代表公畜);然后从每头公畜向右画一横线,再从该表的最后一行中查出最远的母性祖先写在图的最下边(以○代表母畜),并向上引出直线与横线相交,如与某公畜交配生有后代时,就将后代的畜号写在交叉处。如该后代又生子女,继续向上引线在与交配公畜的横线交叉处写出子女畜号,依此类推。

3. 绘制正图

对草图进行调整,画出一个精确、清晰、美观的畜群系谱,一个个体在正图只能出现一次。留作种用的可以从它所在位置引线,并在图的左侧引出该留种公畜的横线(图 3-14)。

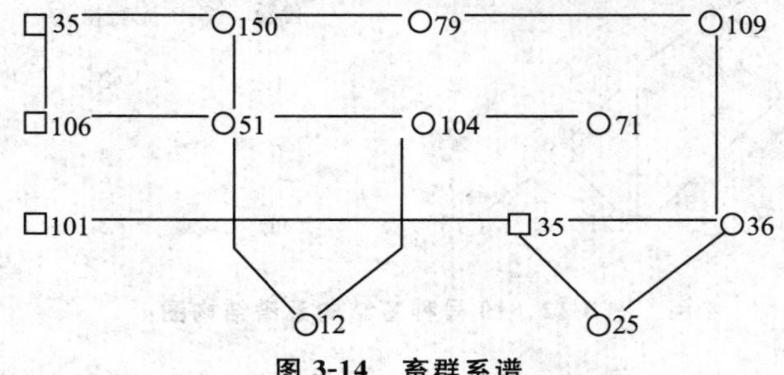

图 3-14　畜群系谱

五、作业

(1)根据下列资料,绘出53号公牛的结构式系谱和简头式系谱。

53号公牛,生于1977年,初生重40 kg

母:7248号,Ⅰ-6 042	父:15号
外祖父:8号	祖父:8号
外祖母:6612号,Ⅲ-5 800	祖母:6756号,Ⅰ-6 000
外祖母的父亲:3号	祖父的父亲:3号
外祖父的母亲:5802号	祖母的母亲:6115号

(2)根据西北农学院巴克夏猪的部分资料,绘出畜群系谱。

畜号	性别	父亲	母亲	外祖父	外祖母	外祖母的父亲	外祖母的母亲
54	♀	41					
48	♂						
57	♂	48	49	41			
87	♀	48	54	41			
88	♀	48	54	41			
59	♂	57	83	48	54	41	
113	♀	57	88	48	54	41	
103	♀	57	87	48	54	41	
137	♀	59	113	57	88		
122	♀	59	88	48	54	41	
130	♀	59	88	48	54	41	
138	♀	59	103	57	87	48	54
50	♂	50					
158	♀	50	137	59	113	57	88
151	♀	50	88	48	54	41	
155	♀	50	122	59	88		
150	♀	50	88				
171	♀	50	130	59	88		
173	♀	50	130	59	88		
152	♀	50	138	59	103	57	87
153	♀	50	138	59	103	57	87
265	♀	50	150	50	88	48	54

任务五　种畜禽选择

种畜禽选择简称为“选种”，就是按照预定的育种目标，通过一系列方法，从畜群中选择优良个体作为种畜的过程。畜群经过逐代的选种和繁殖后，可以产生超过现有个体水平的优良后代，使群体中有利基因频率增加，不利基因频率减少，从而使群体遗传结构向着人类需要的方向变异。

一、单性状选择

畜禽育种工作中，需要选择提高的性状很多，比如奶牛需要提高产奶量、乳脂率、乳蛋白率；蛋鸡需要提高产蛋数、蛋重、受精率、孵化率等。但在畜禽育种的某一阶段可能需要只针对某一性状进行选择，称为单性状选择。在单性状选择中，除个体本身的表型值以外，最重要的信息来源就是个体所在家系的遗传基础，即家系平均数。因此，在探讨单性状选择方法时，就是从个体表型值和家系均值出发。单性状选择方法有 4 种，即个体选择、家系选择、家系内选择和合并选择。

(一)个体选择

根据个体表型值的高低对畜禽种用价值作出评定的方法称为个体表型选择，简称个体选择。个体选择的依据是个体表型值与群体均值之差——离均差。离均差越大的个体越好，同时选择差越大，获得遗传进展越大，个体选择的效果好。这种方法简单易行，并且可以缩短时代间隔。但它只对遗传力高的性状选择效果好，因为遗传力高的性状其表型值受非遗传因素的影响小，在很大程度上接近于育种值，这种选种方法可获得较大的遗传进展。

(二)家系选择

以整个家系为一个选种单位，只根据家系平均表型值高低进行选留或淘汰称为家系选择。家系一般指全同胞和半同胞家系。家系选择更适用于遗传力偏低的性状。

应用家系选择的条件：一是低遗传力性状。遗传力低的性状个体表型值受环境影响较大，而在家系均值中，各个体表型值由环境条件造成的偏差相互抵消，家系表型均值接近家系的平均育种值。二是由共同环境造成的家系间差异和家系内个体的表型相关要小。如果共同环境造成的家系间差异大，或家系内个体间的表型相关很大，个体环境偏差在家系中就不能完全抵消，所能抵消的只能是随机环境偏差部分，那么，家系均值反映的大部分是共同环境效应，不能代表个体的平均育种值。三是家系要大。决定家系选择效果另一个重要因素是家系成员的数目，家系越大，家系均值越接近家系平均育种值。

(三)家系内选择

根据个体表型值与家系平均表型值离差的大小进行选择称为家系内选择。具体做法是挑选个体表型值超过家系均值多的个体留作种用。适合家系内选择的条件：一是性状的遗传力低；二是家系间环境差异大，家系内个体表型相关大；三是群体规模小，家系数量少。

在此情况下，家系间的差异和家系内个体间的表型相关主要是由共同环境造成的，而不是由遗传原因造成的。如仔猪的断奶重，该性状的遗传力不高，个体间的表型相关主要由母体效应造成，一窝泌乳力好，则全窝断奶重均高；另一窝泌乳力差，则全窝断奶重均低。在这种情况下，若采用家系选择断奶重高的一窝，则选中的性状是泌乳力，而没有真正选择断奶重的育种值。因此这种情况下更应该采用家系内选择，因为在共同环境影响下家系内表现出差异，主要是遗传因素好坏的差异。

(四)合并选择

根据性状遗传力和家系内表型相关，分别给予家系均数和家系内偏差不同的加权值，将加权后的数值合并为一个指数——合并选择指数(I)，按指数大小进行选择的方法称为合并选择。以此为依据进行的选种，其准确性高于其他各法，因此可获得理想的遗传进展。

合并选择指数的公式为：

$$I = b_f P_f + b_w P_w + h_f^2 P_f + h_w^2 P_w$$

$$h_w^2 = h^2 \times \frac{1-r}{1-t}$$

$$h_f^2 = h^2 \times \frac{1+(n-1)r}{1+(n-1)t}$$

式中：P_f为家系均值；P_w为家系内偏差；I 为对 P_w 和 P_f分别加权后的指数；h_w^2家系内偏差的遗传力；h_f^2为家系平均数的遗传力；h^2为性状的一般遗传力；r 为家系成员间的亲缘相关系数；t 为家系成员间的表型相关系数；n 为家系成员数。

例：根据 4 窝仔猪 180 日龄体重资料(表 3-4)，分别利用个体选择、家系选择、家系内选择和合并选择方法选择其中 4 个最好的个体留作种用，比较不同选择方法的差异。

表 3-4　4 窝仔猪 180 日龄体重资料

家系/窝	个体 180 日龄体重/kg				家系均值/kg
1	A=106.50	B=93.50	C=86.00	D=80.00	$\overline{X}_1$=91.50
2	E=114.50	F=105.00	G=99.50	H=79.00	$\overline{X}_2$=99.50
3	I=118.50	J=65.00	K=60.00	L=56.50	$\overline{X}_3$=75.00
4	M=103.50	N=95.50	O=90.00	P=87.00	$\overline{X}_4$=94.00
					$\overline{X}$=90.00

根据个体选择、家系选择、家系内选择和合并选择的选择方法及原则，可知个体表型值最高的是 I、E、A 和 F；家系均值最高的是 E、F、G 和 H；家系内个体表型值最高的是 A、E、I 和 M；合并选择指数数值最高的是 F、E 、G 和 O。因此按个体选择留种的个体是 I、E、A 和 F；按家系选择留种个体是 E、F、G 和 H；按家系内选择留种个体是 A、E、I 和 M；按合并选择留种个体是 F、E 、G 和 O。

二、多性状选择

在育种工作中，多数情况需同时兼顾选择几个性状。一般情况下，各种畜禽的育种目标均涉及多个重要的经济性状，如奶牛的泌乳量和乳脂率，猪的日增重、瘦肉率、产仔数和断奶窝重，蛋鸡的产蛋量和蛋重，羊的剪毛量、毛长、毛细度等。因此，多性状的选择在实际的畜禽育种中是不可避免的。传统的多性状选择方法有顺序选择法、独立淘汰法和综合选择指数法 3 种。

(一)顺序选择法

顺序选择法又称单项选择法,将所要选择的性状逐个选择改进的方法,每个性状选择一个或数个世代,待所选的单个性状达到理想的选择效果后,再开始选择另一个性状,如此依次选择。

顺序选择法的优点是对所选的某一性状来说,遗传进展较快,选种效果较好。缺点是完成对多个性状的选择,需要较长的时间;如果所选的几个性状之间存在负相关,通过选择提高一个性状的育种值,另一个性状下降,出现顾此失彼的现象,无法同时达到育种目标。为了克服顺序选择法的不足,可以将不同性状在不同品系内选择,待提高后再通过系间杂交进行综合,达到多个性状在短时间内同时提高的目的。

(二)独立淘汰法

独立淘汰法就是同时选择几个性状,对每个被选性状定出最低标准,任何被选个体,只要其中一个性状达不到标准,这个个体就被淘汰。

独立淘汰法的优点是对畜禽的各个性状进行了全面衡量,但这样做往往留下了一些各方面刚刚合格的畜禽,而把那些仅某个性状较差,其他性状都很优秀的个体淘汰了。另外,考虑的性状越多,中选的个体数量就越少,就越不容易达到预期的留种率。生产中有时为了保证一定的留种率,降低选择标准,结果大量的"中庸者"中选,甚至低于群体均值的个体也有被选留的可能,这对保持和提高群体的品质是十分不利的。例如,甲、乙两头奶牛的乳脂率相同,甲牛的头胎产奶量 6 000 kg,评为一级;外形 75 分,也评为一级,因此甲牛可以作为良种牛登记。乙牛头胎产奶量 8 000 kg,评为特级;外形 73 分,被评为二级,因此乙牛不能被登记为良种牛,即不能选择留作种用。

由此看来,在采用独立淘汰法时,同时考虑的性状不宜太多,所定的标准也不能太死,应该在一定程度上彼此兼顾,否则,某些高产的个体和性状就有可能被不合理地淘汰。

(三)综合选择指数法

综合选择指数法就是对同时要选择的几个性状表型值,根据其经济重要性、遗传力、表型相关和遗传相关,进行不同的适当加权而综合制定一个能代表育种值的指数,再按指数高低加以选择的方法。

综合指数选择法不再依据个体性状表现的好坏,主要根据综合指数的大小,是按照一个非独立的选择标准确定种畜的选留。该法可以将候选个体在各个性状上的优点和缺点综合考虑,并用经济指标表示个体的综合遗传素质,因此这种指数选择法具有最高的选择效果,在畜禽育种中应用最为广泛的选择方法。例如,A 个体 y 性状表现十分突出,x 性状稍低于选择标准;B 个体在 x 性状上表现很好,y 性状稍低于选择标准;C 个体 x 和 y 性状正好接近于标准,是一个"中庸者"。按独立淘汰法的原则选择时,A 和 B 个体均在淘汰之列,C 个体被留种。在指数选择法中,选择界限是以综合考虑两性状的总体价值为标准的,因此 A 和 B 两个体均在选择界限之上而被选留,致使它们在一个性状上所具有的优秀基因没有丢失,C 个体因两性状的水平均一般,综合种用价值不高而被列为非种用畜禽。由此可见,综合指数选择法能够将个体在单个性状上的突出优点与其他性状上可容忍的缺点结合起来,优于独立淘汰法。

三、间接选择

利用性状相关关系，通过对某个性状的选择来间接提高所要改良的目标性状的一种选种方法，就是间接选择。对某一性状进行间接选择时需要考虑下列条件，才能取得较好的选择反应：一是两个性状要有高遗传相关；二是辅助性状要有高的遗传力；三是最好对辅助性状的选择强度能有加大的可能。间接选择主要应用在以下几个方面。

(1)主要性状无法度量。有些性状由于受到性别限制不能表现出来，但性别对其后代的此性状表现影响很大，所以采用间接选择。如奶牛中公牛对其女儿的产奶量影响很大，可以通过间接选择来选出具有高的产奶潜力的公牛作种用。生产中还有对种公鸡产蛋潜力的选择也可应用此法。

(2)有些性状活体难度量。与屠宰相关联的一些性状，如屠宰率、瘦肉率等，在选种时活体不能度量，需找到与它们有强的遗传相关性状进行选择。如养猪生产中用背膘仪测定背膘厚来评价猪的瘦肉率，就是利用背膘厚与瘦肉率的强负相关关系。

(3)晚生性状的早期选择。有些重要的经济性状需要早期进行选择，如鸡的500日龄产蛋量、小仔猪的育肥性能等，这些性状往往在畜禽幼年时就要进行选择。因此，生产中一直在努力寻找本身遗传力高，且与重要经济性状有高度遗传相关的早期性状。如鸡的适时开产日龄与500日龄产蛋量呈正相关关系；仔猪的初生重、断奶重与育肥性能呈正相关关系。

总之，间接选择在畜禽育种工作中有广阔应用的前途，尤其是应用于早期选择。人们正在努力寻找本身遗传力高，且与重要的经济性状有高度遗传相关的早期性状，特别是生理生化性状作为辅助性状对晚期表型的经济性状进行间接选择。早期选择可大大减少饲养成本，扩大供选群体，从而加大选择差，提高选择效果。解决早期选择问题，是当前畜禽育种工作中的一项重要课题。

【学习要求】

识记：选种、生长、发育、系谱测定、性能测定、世代间隔。

理解：怎样编制横式系谱与竖式系谱；影响选种效果的因素主要有哪些？在选种时应采取何种措施加快选择进展？

应用：分别阐述性能测定、系谱测定、同胞测定和后裔测定的适用条件及在畜禽种用价值评定中的意义。

【知识拓展】

影响选种效果的因素

影响选种效果的因素很多，除了选种目标、选种依据和选种方法外，还有遗传力、选种差、选种强度、时代间隔和环境等。

(一)遗传力

性状的遗传力直接影响选择反应。性状的遗传力越高，该性状表型值中能遗传的部分愈大，选择反应也愈大；反之，性状的遗传力低，该性状表型值中能遗传的部分就小，选择反应也就愈小。所以，遗传力影响选种的准确性，对遗传力不同的性状就要采用不同选择方法。遗传力高的性状，如猪的脊椎数($h^2=0.74$)，表型的优劣大体上可反映基因型的优劣；相反，遗传力低的性状，如猪的窝产仔数($h^2=0.15$)，表型值在很大程度上不能反映基因型值，即使选窝产仔数很多的猪作为种猪，也不一定能提高后代的窝产仔数。

(二)选择差与选择强度

在畜禽群体中，通过选种，选留个体的平均表型值往往高于或低于原始群体的平均表型值，通常把选留个体均值与群体均值之差叫选择差；同样，选留个体子女的平均表型值也不同于原群体平均表型值，这种由于选择而在下一代产生的遗传改进叫作选择反应。即：

$$R=Sh^2$$

式中：R 为选择反应，S 为选择差，h^2 为性状的遗传力。

例如，某一群奶牛平均第二胎泌乳期产奶量为 4 800 kg，选留个体的平均产奶量为 6 310 kg，则选择差 $S=6\ 310-4\ 800=1\ 510$(kg)。由此可知，选择差越大，选择效果就越好，而选择差的大小与留种率有关。群体的留种率愈小，所选留个体平均表型值愈高，选择差就愈大。选择差又受选择性状的标准差影响，在相同留种率的情况下，性状的标准差愈大，选择差也就愈大。而在相同标准差的情况下，留种率越小，选择差就愈大。

一般情况下，选择强度越大越好，即留种群的水平应尽可能地超越整个群体的水平。但是群体的表型值分布多是正态的，因此远远超越平均数的个体是很少的。如果过高地要求留种群的水平，就很难找到适宜的留种个体。为了保持和扩大群体规模，应注意留种率和选择强度之间的平衡。

(三) 世代间隔

在畜禽育种中，经历一个世代所需年数称为世代间隔。世代间隔受畜种、留种胎次、畜群年龄组成等的影响。几种主要畜禽的平均世代间隔如下：牛 1.5～5.5 年，绵羊 3.5～4.5 年，猪 1.5～2 年，鸡 1～1.5 年，马 8～12 年。畜禽平均世代间隔，按每头留种的畜禽出生时父母的平均年龄来计算。公式为：

$$G=\sum N_i a_i/\sum N_i$$

式中：G 为平均世代间隔；N_i 为各组留种数；a_i 为父母的平均年龄。

在制订畜禽育种计划时，选择反应以年为单位，即为某性状每年提高多少。育种工作中，要加快畜群改良速度，必须从采取加大选择反应和缩短世代间隔，其中又以缩短世代间隔为最可行的办法。

(四)环境

环境条件的改变必然导致表型值的改变。选种实践表明，在优良条件下选出的优秀个体，到了较差的条件下，其表现反而不如在原条件下较差的个体。这就说明某些基因型适合一定的环境条件，另一些基因型却适合另一种环境条件，这种现象叫作基因型与环境的互作。由于基因型与环境互作现象的存在，选种应当在推广地区基本相似的条件下进行。随着社会经济的发展，推广地区的条件也在日益改善，则育种场的条件应当更好一些；否则，高产基因不能充分表现，也就无法选择遗传性能优良的个体。

【知识链接】

1. NY/T 1872—2010　种羊遗传评估技术规范
2. NY/T 1236—2006　绵、山羊生产性能测定技术规范
3. NY/T 1450—2007　中国荷斯坦牛生产性能测定技术规范
4. NY/T 2123—2012　蛋鸡生产性能测定技术规范
5. NY/T 822—2004　种猪生产性能测定规程
6. NY/T 828—2004　肉鸡生产性能测定技术规范

Project 4

畜禽选配

学习目标

了解选配的种类和原则；掌握选配计划制定的基本原理和方法；理解近交的遗传效应，掌握近交程度分析的方法；在育种实践中能灵活运用各种近交手段。

【学习内容】

任务一　选配概述

在畜牧生产实践中，只选择出优良的种公畜、种母畜是不够的，能否产生优良的后代，不仅取决于双亲的品质，而且还取决于选配组合是否恰当。因此，在育种过程中，除做好选种工作外，还必须做好选配工作。选配就是有计划地决定公母畜的配对，以达到优化后代遗传基础，培育和利用良种的目的。换句话说，选配就是根据育种目标，人们有意识地为母畜选择最合适的公畜，或为公畜选择最合适的母畜进行交配，使其产生基因型优良的后代。

选配的目的是组合亲代的遗传基础，使后代得到遗传改进。虽然通过选种选出优秀的种公畜和种母畜，但它们交配所产生的后代并不一定都是优秀的。因为畜禽的后代是否优良，不仅与父母双方是否具有优良基因、遗传是否稳定以及后代得到良好的生长发育条件有关，也取决于交配双方的基因组合有无合适的亲和力。也就是说，选种是选配的基础，选种的作用又通过选配来体现，利用选配有意识地组合亲代的遗传基础，利用选种改变畜禽群体的基因频率。因此，选种和选配是相互联系而又彼此促进的，选配验证选种、巩固选种，选种又可加强选配。

一、选配的作用

(一)选配可使基因重组，创造出新的变异类型

选配的公、母双方遗传基础不可能完全一致，有的属于同一品种，有的则是不同品种；有的有亲缘关系，有的没有亲缘关系；有的品质相同，有的则有较大差异。它们交配产生的后代，遗传结构重新组合，创造出新的变异类型，为培育优良畜禽提供了选择的素材。

(二)选配能稳定遗传性，固定理想性状

个体的遗传基础来自双亲，选择遗传基础相近或性状特征相近的公、母畜配对，其后代遗传物质在一定程度上与父母相似，其性状值也接近于父母均值，经过若干代选择交配，使所选性状的遗传基础就可能更加纯合，性状特征便可能被固定下来。

(三)选配能把握变异的方向，并加强某种变异

当畜群中出现某种有益的变异时，可通过选种将具有该变异的优良公、母畜选出，然后通过选配强化该变异，它们的后代不仅可能保持这种变异，而且还可能比亲代更加明显和突出。因此，经过多代长时间的选种选配工作，具有这种变异的畜禽个体在畜群中逐渐增加，最终形成整个畜群具有的共同特点。

(四)选配能控制近交程度，防止近交衰退

细致地做好选配工作可防止畜群被迫近交。即使近交，选配也可将近交系数的增量控制在合理水平，从而减缓近交衰退，甚至可以做到防止衰退。

可以看出，选配的作用是密切联系的，即创造变异→固定变异→加强变异，建立新类型或新品种。通过合理运用选种和选配技术，不仅可以保持和巩固畜群原有的优良性状，而且通过基因的分离和重组，还可以使优良性状得以发展甚至创造出更优异的性能，充分发挥选种和选配的创造性作用。

二、选配的种类

选配实际上是一种交配制度。按选配对象不同，选配可分为个体选配和种群选配。

个体选配主要考虑配偶双方的品质与亲缘关系，按交配双方品质的不同，区分为同质选配和异质选配；按交配双方亲缘关系的不同，区分为近亲选配与远亲选配；种群选配主要考虑配偶双方所属种群的特性，可区分为纯种繁育与杂交繁育。选配种类见图 4-1。

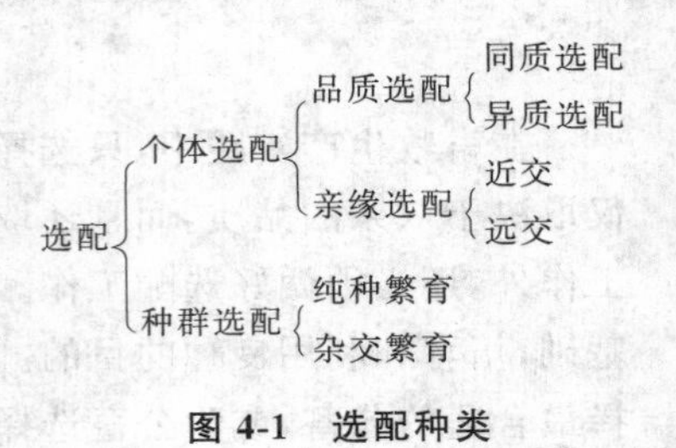

图 4-1 选配种类

(一)个体选配

1. 品质选配

品质选配是根据交配双方的品质异同进行的选配。所谓品质，既可以指一般品质，如体质外貌、生产性能、生物学特性等方面的品质，也可以指遗传品质，就数量性状而言，是指所估计育种值的高低。品质选配与随机交配不同之处主要是改变了公母畜间的交配概率，通过品质选配可以定向且迅速地改变群体中某一基因或基因型的频率，达到改良畜群的目的。

(1)同质选配。选择经济性状特点相近、性能表现一致或育种值相近的优秀公母畜交配，以期获得与亲本品质相似的优秀后代。所谓同质性，是相对的同质，主要指所选的主要性状相同或相似，其实质是基因型相似或相同，交配双方愈相似，就愈有可能将双亲的共同优良性状遗传给后代，绝对同质性状的畜禽是不存在的。畜禽育种实践中所谓的“好的与好的交配，产生好的后代”或“公畜好，母畜好，后代错不了”就是通俗的同质选配。例如，选择生长速度快的夏洛莱公羊与生长速度快的夏洛莱母羊交配，能够得到生长速度快的后代羔羊，连续几代的这样选配，生长速度快性状就能在群体中稳定遗传，控制该性状的基因也能够纯合。

同质选配的作用，主要是使亲本的优良性状稳定地遗传给后代，使优良性状得以保持和巩固，并在畜群中增加具有这种优良性状的个体。同质选配的个体，只有在基因型是纯合子的情况下，才能产生相似的后代。如果交配双方的基因型都是杂合子，即使是同基因型交配，后代也可能分化，性状不能巩固，也不能得到大量的理想个体。如果能准确判断基因型，根据基因型选配，则可收到良好的效果。

同质选配的缺点是不利产生新的变异，连续几代的同质选配，会使种群内的变异性相对减小；有时还可能使种畜的某些缺点得到强化；如果长时间采用同质选配有可能导致无意识的近交，引起衰退现象。所以在同质选配过程中要特别加强选择，严格淘汰体质衰弱或有遗传缺陷的个体。

在育种实践中，为了保持和发展畜禽某些有价值的性状，必须针对这些性状进行以优配优的同质选配，以得到更多的突出后代，即增加群体中纯合基因型的频率，保持有价值的性状，常采用同质选配；采用杂交育种手段培育新品种时，畜群中出现了符合品种要求的理想类型时，也可采用同质选配(即“横交固定”阶段)，能够使理想类型在群体中得到巩固和扩大。

(2)异质选配。就是选择具有不同优异性状或同一性状，但优劣程度不同的公母畜进行交配的方式。在育种实践中分为两种情况：一种是多个性状不同品质的异质选配，是以综合双亲优点为目的的异质选配。选择具有不同优良性状的公母畜交配，以期将两个性状结合在一起，从而获得兼有双亲不同优点的后代。例如，选毛长的公羊与毛密的母羊交配，以期获得毛长毛密，即剪毛量高的后代。另一种是选择同一性状但优劣程度不同的公母畜交配，即所谓以优改劣、以良好性状纠正不良性状，以期后代能取得较大的改进和提高。例如，选择细毛澳洲美利奴公羊与粗毛藏绵羊母羊交配，以改良粗毛藏绵羊羊毛品质。实践证明，这是一种可以用来改良许多性状的行之有效的选配方法，实际上是“等级选配”或“改良选配”。

异质选配的主要作用，主要是综合双亲的优良性状；丰富后代的遗传基础；创造新的类型；提高后代的适应性和生活力。因此，当畜群品质处于停滞状态或需进一步提高畜群品质时，采用异质选配；在品种培育的初期，为了通过基因重组，获得理想性状和理想个体时，需要应用异质选配。但由于基因的连锁和性状间的负相关等原因，双亲的优良性状不一定都能很好地结合在一起。为了保证异质选配的良好效果，必须考虑性状的遗传规律和遗传相关等。

同质选配和异质选配是个体选配中最常用的两种方法，在育种实践中，同质选配与异质选配往往是结合进行的。一般在育种初期多采用异质选配，当在杂种后代中出现理想类型后可转为同质选配。有时在具体选配时，对某些性状是同质选配，而对另一些性状则是异质选配。例如，有一头产乳量高、乳脂率低的母牛，选一头产乳量和乳脂率育种值都高的公牛与之交配，对产乳量来说是同质的，对乳脂率来说则是异质的。可见，同质选配与异质选配是不能截然分开的，而且只有将这两种方法密切配合，交替使用，才能不断提高和巩固整个畜群的品质。

另外，在育种过程中，应避免“弥补选配”，即让有相反缺陷的公母畜交配，企图获得中间类型。例如，毛用山羊选育中，用体质过度细致的个体与过度粗糙的个体交配，希望得到中间类型的后代，这种交配方式不能克服缺陷，相反会使后代的缺陷更为严重，甚至出现畸形后代。弥补选配是前人的经验教训，应注意吸取。就畜禽育种而言，不可能把有缺陷的个体选作种用，也不可能让有缺陷的个体交配。

2.亲缘选配

根据交配双方的亲缘关系进行选配，叫作亲缘选配。分为近亲选配和远亲选配。

(1)近交。又称“近亲选配”，是指6代以内双方具有共同祖先的公母畜交配。近交一般在商品生产场不宜采用，在育种场为了某种育种目的，可采用。因此，在育种工作中，为了固定某些优良性状，往往需要采用近交。分析近交程度应看共同祖先的个数多少和出现代数的远近。共同祖先个数愈多、出现代数愈近，则近交程度愈大；反之则小。畜禽育种工作中程度较高的近交有全同胞交配、父女交配，母子交配等，其所生后代的近交系数为25%；其次是祖孙交配、叔侄交配、姑侄交配等，其所生后代的近交系数为12.5%。通常用所生后代的近交系数高低判定是否为近交，如果所生后代的近交系数≥0.78%，其亲代的交配为近交；如果所生后代的近交系数<0.78%，其亲代的交配为远交。

(2)远交。又称“远亲选配”，是指交配双方到共同祖先的世代数之和在6代以上的交配方式。分为两种情况：一是群体内的远交，即在一个群体内选择亲缘关系远的个体进行交配。其在群体规模有限时具有重大意义，在小群体中，采用随机交配，近交程度也将不断增大，此时人为采用远交，回避近交，可以有效阻止近交程度的增大，避免近交带来的一系列效应。二是群体间的远交，即两个种群的个体相互交配，而群体内的个体不交配。根据交配群体的类别，进一步分为品系间、品种间和种间、属间的远交。在畜牧业生产中，为了避免近交衰退造成经济损失，应建立系谱登记和配种记录制度，采用远亲交配。

(二)种群选配

种群选配就是根据交配双方所属种群(属、种、品种、品系、品群)的异同而进行的选配。

1. 纯种繁育

通过选种选配、品系繁育、改善培育条件等措施，以提高种群性能的一种方法。即选择相同种群的个体进行交配，简称"纯繁"。其目的是当一个种群的生产性能基本能满足经济生产需求，不必作大的方向性改变时，使其保持和发展种群的优良特性，增加种群内优良个体的比重，同时，克服种群的某些缺点，达到保持种群纯度和提高种群质量的目的。在同一种群内长期进行繁育，由于选配个体来源相同，体质外形、生产力及其他性状又比较相似，势必造成纯合基因型频率逐渐升高，所形成的群体具有较高的遗传稳定性。但种群内的纯合都是相对的，没有一个种群的基因型会达到绝对纯合，尤其是比较高产的品种，性状的变异范围更广，遗传基础异质性更大，通过种群内的选种、选配，后代中会出现各种各样的变异，为种群的不断发展提供了可能。

纯种繁育具有以下两个作用：一是巩固遗传性，使种群固有的优良品质得以长期保持，并迅速增加同类型优良个体的数量，达到保持种群纯度的目的；二是提高现有品质，使种群水平不断上升，达到提高整个种群质量的目的。当一个种群的生产性能基本上能满足国民经济需要，在生产力方向上不需要作重大改变，为了保持种群的优良特性，为以后的畜禽育种工作保留丰富的育种资源时，可以采用纯种繁育的方法。

2. 杂交繁育

杂交繁育是指不同种群间的选配，即选择不同种群的个体进行交配，简称杂交。杂交可以从各种角度进行分类。按杂交双方种群关系的远近，可分为系间杂交、品种间杂交、种间杂交等。按杂交的目的，又可把杂交分为经济杂交、引入杂交、改良杂交和育成杂交等。杂交主要有两方面的作用：一是使基因和性状重新组合，原来不在一个群体中的基因集合到一个群体中来，原来分别在不同种群个体上表现的性状集中到一个体上来。所得的杂种，具有较多新的变异，通过选择培育出适合人们需要的类型，满足日益增长的物质生活需要；二是产生杂种优势，即杂交产生的后代在生活力、适应性、抗逆性以及生产力等方面，都比纯种有所提高，为畜禽的商品生产提供了广阔的空间。

杂交后代的基因型往往是杂合子，遗传基础很不稳定，所以杂种一般不能再作种畜使用。杂种具有很多新的变异，有利于选择，又具有较大的适应范围，因而是良好的育种材料。杂交可使后代性状的基因型处于杂合状态，隐性有害基因得不到表现，使性状趋于一致，畜群均匀整齐，便于工厂化饲养、标准化管理及畜产品的规格上市。由此可见，杂交在畜牧业生产中具有极其重要的地位。

要正确处理纯繁与杂交的关系。纯繁可促使更多的等位基因纯合，使种群固有的优良品质得以巩固和稳定；杂交则是促使各对基因的杂合性增加，使原来在不同种群表现的优良性状集中到同一类群或个体上来，并产生杂种优势。两者是互相依存的，没有纯就没有杂，亲本种群愈纯，杂交双方基因频率相差愈大，杂种优势就愈突出。只有把亲本种群提纯，才能取得良好的杂交效果。

三、选配计划的拟定

(一)选配的原则

制定选配计划应遵循以下原则：

(1)有明确的目的。选配在任何时候都必须按育种目标，在分析个体和群体特性的基础上，考虑采用什么样的选配方式才能保持其优良品质，并克服其缺点。

(2)尽量选择配合力好的个体交配。分析过去的交配结果，找出产生过良好后代的交配组合继续使用，并增选具有相应品质的公母畜与之交配。

(3)公畜个体等级高于母畜等级。畜禽个体等级是根据生产性能、体形外貌、体质等综合评定出来的。在畜禽育种中，因公畜具有带动和改进整个畜群的作用，而且选留数量少，所以对其等级和质量的要求都应高于母畜。对特级、一级公畜应充分使用，二、三级公畜则是能控制使用。公畜的等级最低等于母畜，绝不能使用低于母畜等级的公畜来配种。

(4)相同缺点或相反缺点者不能交配。选配中绝不能选用具有相同缺点(如绵羊毛短与毛短)或相反缺点(如猪凹背与凸背)的公母畜交配，以免使缺点更加突出。

(5)正确使用近交。近交需控制在育种群中必要时使用。在一般繁殖群，非近交才是长期而又普遍使用的方法。同一公畜在一个畜群的使用年限不能过长，应注意做好种畜交换和血缘更新工作。

(6)搞好品质选配。对于优秀公母畜，一般采用同质选配，在后代中巩固其优良品质。

(二)选配计划的制订

选配计划又叫选配方案。每个育种场在繁殖季节到来之前都要事先制定选配计划，以保证各项工作有条不紊地进行。选配计划没有固定的格式，但其内容一般应包括：互相交配的公母畜的名字或编号及其品质说明、选配目的、选配原则、选配公母畜优缺点、以往选配的效果、需要保留哪些优点和纠正哪些缺点、选配双方有无亲缘关系、选配方法和预期效果等。为了保证选配计划的实施，在计划中还应安排选配的后补公畜。

在制订选配计划时，应千方百计地扩大优良公畜的利用范围，尽量发挥其作用。在选配计划执行中，如发生公畜精液品质变劣或伤残死亡等偶然情况，应及时更换种用公畜并对选配计划作出合理修订。每次的选配计划执行后，应及时总结经验，为下一次的选配计划制定提供有价值的信息。

任务二　近交及其应用

一、近交的效应

(一)近交的概念

近交就是亲缘关系较近的个体间的交配。一般指交配双方到共同祖先的世代数在 6 代以下者，即其所生子女的近交系数大于0.78%。相互有亲缘关系的个体必定有共同祖先，离共同祖先越近，亲缘关系也越近。

(二)近交的用途

近交可以引起近交衰退，但近交衰退并不是近交的必然结果。畜禽育种过程中，在注意防范近交不利效应的前提下，应充分发挥近交的有利作用，加速育种过程。近交主要有以下几方面的用途。

(1)固定优良性状。近交的基本效应是使基因纯合，因而可以利用近交来固定优良性状，也就是通过近交使畜禽优良性状的基因型纯化，从而使该性状的基因型能确实遗传给后代。因此，在选育新品种或新品系培育过程中，当出现符合育种目标的优良性状时，可采用近交使其固定下来。

(2)保持优良个体的血统。当育种群中出现个别特别优秀的个体，并需要将其优秀性状保持下来时，采用近交是最有力的手段之一。

(3)提高畜群的同质性。近交使基因纯合，结果引起畜群性状的分化，这样通过选择，就能得到比较同质或一致的畜群，达到提纯的目的。

(4)揭露有害基因。由于有害基因大多数是隐性的，在非近交情况下较少表现出来。近交使基因型分化的同时，也就包含着隐性基因的分化纯合，从而使带有有害性状的个体暴露出来并予以淘汰，降低群体中有害基因频率。

二、近交程度的分析

相互有亲缘关系的个体，其系谱中必定有重复出现的祖先，称之为共同祖先。分析近交程度则看共同祖先的个数多少和出现代数的远近。共同祖先个数愈多，代数愈近，则近交程度愈大；反之愈小。

(一)个体近交系数计算

个体近交系数是表示个体基因纯合程度的数量指标，指个体的全部基因中，父母双方来自共同祖先基因所占的概率，通常以 F 来表示。一个个体，从亲代得到某一基因的概率是1/2，从祖代得到的概率是1/4，即每多隔一代，从共同祖先得到某一基因的概率就减少1/2。如果共同祖先也是近交个体，还要加上共同祖先的近交系数。个体近交系数计算公式：

$$F_x = \sum\left[\left(\frac{1}{2}\right)^{n_1+n_2+1} \times (1+F_A)\right]$$

式中：F_x为个体X的近交系数；n_1为一个亲本到共同祖先的世代数；n_2为另一个亲本到共同祖先的世代数；$\sum$ 为总和，把各个共同祖先分别计算的值总加起来；F_A为共同祖先本身的近交系数。

利用通径图计算近交系数时，计算公式可简化成下面形式：

$$F_x = \sum\left[\left(\frac{1}{2}\right)^{N} \times (1+F_A)\right]$$

式中：N是从父本到共同祖先再到母本的某条通径链上的所有个体数；即相当于n_1+n_2+1。

当共同祖先为非近交个体时，$F_A=0$，公式简化为

$$F_x = \sum\left(\frac{1}{2}\right)^{N}$$

凡双亲至共同祖先的总代数(n_1+n_2)不超过6,即通径链上所有个体的总数(N)不超过7,近交系数大于0.78%者为近交;小于0.78%者,则称为远交或非亲缘交配。

(二)畜群近交程度估算

畜群近交程度以畜群的平均近交系数来表示。估算畜群的平均近交程度时,可视具体情况使用下列方法。

(1)当畜群较小时,可先求出每个个体的近交系数,再以各个个体 F_x 的平均数来表示群体的近交系数。

(2)当畜群很大时,随机抽取一定数量的畜禽,逐个计算近交系数。然后用样本平均数来代表畜群平均近交系数。

(3)将畜群中的个体按近交程度分类。求出每类的近交系数,再以加权均数来代表。

(4)对于长期不引进种畜的闭锁畜群,平均近交系数可用下面的近似公式来进行估算。

当每代近交系数增量(ΔF)不变时,其近交系数计算公式为:

$$F_n=1-(1-\Delta F)^n$$

式中:F_n 为该群体第 n 代的近变系数;ΔF 为畜群平均近交系数每代增量;n 为该群体所经历的世代数。

在不同留种方式下,每个时代的近交增量 ΔF 的计算方法如下。

①当各家系不等量留种时:

$$\Delta F=\frac{1}{8N_s}+\frac{1}{8N_D}$$

式中:ΔF 为畜群平均近交系数每代增量;N_s 为每代参加配种的公畜数;N_D 为每代参加配种的母畜数。

②当各家系等量留种时:

$$\Delta F=\frac{1}{32N_s}+\frac{1}{32N_D}$$

为防止近交衰退的发生,提倡各家系等量留种。畜群中的母畜数,一般数量较大,当母畜数在12头以上时,可略去母畜的部分。

例题:有一闭锁畜群连续8个世代没有引入外来公畜,并且群内使用公畜始终保持3头,而且实行随机留种,问该畜群的近交系数是多少?

解:已知 $N_s=3, n=8$

该畜群每世代近交系数增量约为:

$\Delta F = 1/8N_s=1/8\times3 =1/24 =0.041\,67$

该畜群8个世代后的近交系数约为:

$F_8=1-(1-\Delta F)^n= 1-(1-0.041\,67)^8= 0.288\,6=28.86\%$

(三)亲缘系数的计算

亲缘系数是表示两头畜禽之间的亲缘相关程度的,也就是表示两个畜禽具有相同基因的概率。亲缘关系有两种,一种是直系亲属,即祖先与后代;另一种是旁系亲属,即不是祖先与后代关系的亲属。由于公式不同,其亲缘系数要分别计算。

(1)直系亲属间亲缘的计算。其计算公式为:

$$R_{XA}=\sum\left(\frac{1}{2}\right)^n\sqrt{\frac{1+F_A}{1+F_X}}$$

式中：R_{XA}是个体 X 和祖先 A 之间的亲缘系数；F_A是祖先 A 的近交系数；F_X是个体 X 的近交系数；n 是由祖先 A 到个体 X 的世代数；$\sum$表示将祖先 A 到个体 X 连接的各个通径链计算值的总和。

如果共同祖先 A 和个体 X 都不是近交所生，则公式可简化为：

$$R_{XA} = \sum\left(\frac{1}{2}\right)^n$$

(2)旁系亲属间的亲缘系数计算。其计算公式为：

$$R_{xy} = \frac{\sum\left[\left(\frac{1}{2}\right)^n(1+F_A)\right]}{\sqrt{[(1+F_x)(1+F_y)]}}$$

式中：R_{xy}为个体 x 和 y 的亲缘系数；n 为个体 S 和 D 分别到共同祖先的代数和；F_A为共同祖先本身的近交系数；F_x、F_y分别为个体 x 和 y 的近交系数。

如果个体 x、y 和共同祖先 A 都不是近交个体，则上式可变为：

$$R_{xy} = \sum\left(\frac{1}{2}\right)^n$$

在育种工作中，计算个体的近交系数可以了解个体的近交程度，计算个体间的亲缘系数可以了解个体间的亲缘关系和程度，即遗传相关程度。计算个体近交系数和个体间亲缘系数，对畜群的选种、选配、防止近交衰退和品系繁育具有重要的指导意义。

三、近交的应用

(一)近交衰退的现象

近交会降低群体均值，暴露有害基因，从而导致近交衰退。所谓近交衰退，是指由于近交，畜禽的繁殖性能、生理活动以及与适应性有关的各性状，都较近交前有所削弱。近交衰退具体表现为以下几个方面。

(1)生长速度降低。主要是指与生长发育有关的性状受阻，在畜禽生产中与生长性状相关的数量性状也相应降低，如产奶量、产毛量、产肉性能的性状。

(2)繁殖性能减退。繁殖性能是一个综合性状，如畸形率、成活率、产仔数、死胎等性状，在近交时会出现较明显的衰退。

(3)生活力和适应性下降。近交系表明，随着近交增加，死亡率增加，且近交畜禽比非近交的畜禽对危机环境条件更加敏感。

(4)增加遗传致死的概率。控制遗传致死或畸形的性状在遗传上总是隐性的。通常被其等位的显性基因所掩盖，在非近交群中表现较低的频率，当近交时这种基因表现纯合子的可能性增加，使这些隐性有害基因得到证实或表现。如猪的多趾、犊牛的弯腿等。

(二)影响近交衰退的因素

近交衰退并不是近交的必然结果，即使引起衰退，其结果也是不完全相同的。影响近交衰退的因素主要有：

(1)畜禽种类。神经类型敏感的畜禽（如马）比迟钝的畜禽（如绵羊）衰退严重；幼小畜禽，由于世代较短、繁殖周期快，近交的不良后果积累较快，易发生衰退现象。肉用畜禽对近交的耐受程度高于奶用和役用畜禽。其原因除神经类型外,可能在于肉畜营养消耗较小,在较高的饲养水平下,能缓和近交的不良影响。

(2)群体特性。一般认为,纯合程度较差的群体,由于群体中杂合子频率高,一旦近交,衰退表现严重,经过长期近交的群体,排除了部分有害基因,近交衰退较轻。

(3)体质与饲养条件。体质健康结实的畜禽,近交危害较小;饲养条件较好,环境适宜,可在一定程度上缓和近交衰退的危害。

(4)性状种类。近交对各性状的影响也不相同。一般来说,遗传力低的性状,如繁殖性能等,在近交时衰退表现比较严重,而在杂交时杂种优势表现也较明显;那些遗传力较高的性状,如胴体品质、毛长、乳脂率等性状,它们在近交时衰退表现并不显著。

(5)个体。个体间的近交效果差异很大,即使近交系数完全相同的同代仔畜或同窝仔猪中,有的出现衰退,有的个体不出现衰退。

(6)性别。公畜对近交的耐受程度高,母畜对近交比较敏感。因为母畜除了遗传影响外,还在怀孕和哺乳时期对后代有很大的母体效应。因此,在育种中,一般都是用近交程度高的公畜和近交程度低的母畜交配。

(三)近交衰退的防止措施

为了防止近交衰退的出现,除正确运用近交,严格掌握近交程度和时间外,在近交过程中还应注意采取以下措施。

(1)严格淘汰。严格淘汰是近交中公认的一条必须遵循的原则。淘汰的实质,是及时将分化出来的不良隐性纯合个体从群体中除掉,将含有较多优良显性基因的个体留作种用。

(2)血缘更新。一个畜群自群繁育一定时期后,难免都有不同程度的亲缘关系,为防止不良影响的过多积累,可考虑从外地引进一些同品种、同类型,但无亲缘关系的种畜或冷冻精液,来进行血缘更新。血缘更新时要注意同质性,即引入有类似特征特性的种畜,若引入不同质的种畜来进行异质交配,将会使近交的作用受到抵消,以致前功尽弃。对于商品牧场和一般繁殖群来说,血缘更新尤为重要,“三年一换种”,“异地选公,本地选母”,都是强调了这个意思。

(3)加强饲养管理。近交所生个体,种用价值一般是高的,遗传性也较稳定,但个体生活力弱,对饲养管理条件要求较高。如能满足近交个体对饲养管理上的要求,就可以减轻或不出现退化现象。若饲养管理条件低劣,后代就会受到遗传与环境因素的双重影响,导致更严重的衰退。

(4)做好选配工作。只要适当多留种公畜,做好选配工作,就不再进行近交。即使发生近交,也可使近交系数的增量控制在较低水平以下。若每代近交系数的增量维持在3%~4%,即使近交若干代,也不会出现显著有害后果。

(5)灵活运用远交。远交即亲缘关系较远的个体交配,其效应与近交正好相反。因此,当近交达到一定程度后,可以适当运用远交,即人为选择亲缘关系较远,甚至没有亲缘关系的个体交配,以缓和近交的不利影响。但是,同样应注意交配双方的同质性,以避免淡化近交所造成群体的同质性。

任务三　近交系数计算

一、目的

熟悉近交系数和亲缘系数的计算公式，掌握近交系数和亲缘系数的计算方法；培养学生掌握利用通径图法如何计算近交系数。

二、原理

个体近交系数计算：

$$F_x = \sum\left[\left(\frac{1}{2}\right)^N \times (1 + F_A)\right]$$

直系亲属亲缘系数计算：

$$R_{XA} = \sum\left(\frac{1}{2}\right)^n \sqrt{\frac{1 + F_A}{1 + F_X}}$$

旁系亲属亲缘系数计算：

$$R_{xy} = \frac{\sum\left[\left(\frac{1}{2}\right)^n (1 + F_A)\right]}{\sqrt{\left[(1 + F_x)(1 + F_y)\right]}}$$

三、仪器及材料

根据个体 28 号的系谱计算个体近交系数 F_{28}、直系亲属间的亲缘关系 $R_{(28)(1)}$、旁系亲属间的亲缘关系 $R_{(13)(18)}$。

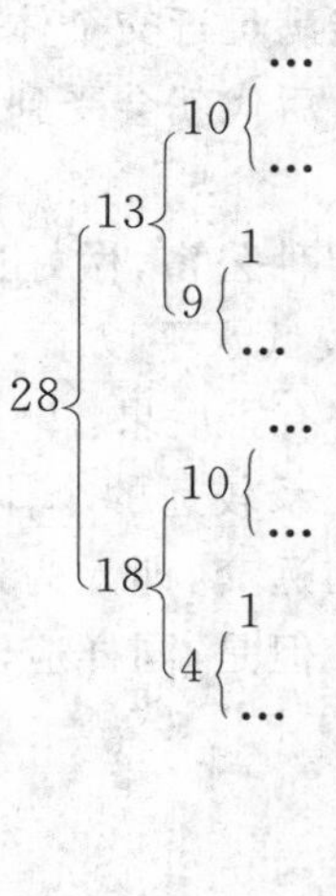

```
            ┌     ┌ …
            │ 10 ┤
            │     └ …
     ┌ 13 ┤
     │      │     ┌ 1
     │      └ 9 ┤
     │            └ …
28 ┤
     │            ┌ …
     │      ┌ 10 ┤
     │      │     └ …
     └ 18 ┤
            │     ┌ 1
            └ 4 ┤
                  └ …
```

四、方法与步骤

1.计算 F_{28}

第一步:寻找共同祖先。根据个体28号的系谱找出28号个体父母的所有共同祖先,共同祖先可以△或☆标记。寻找共同祖先的方法:共同祖先是在父系和母系中同时出现的个体,但共同祖先的祖先不能算作近交个体父母的共同祖先。此题的共同祖先为10号和1号个体。

第二步:将个体横式系谱图改绘成通径图。每个个体在通径图中只占一个位置,不涉及近交的个体不必绘出;通径图中每个祖先只能出现一次,不能重复;箭头由共同祖先引出,通过各祖代指向其父、母,归结于28号个体,即成通径图(图4-2)。由共同祖先10号和1号引出箭头指向个体28的父亲,同时引出箭头指向个体28的母亲。共同祖先通向28的父亲和母亲归结于个体28的通径中,所有各代祖先不可省略。

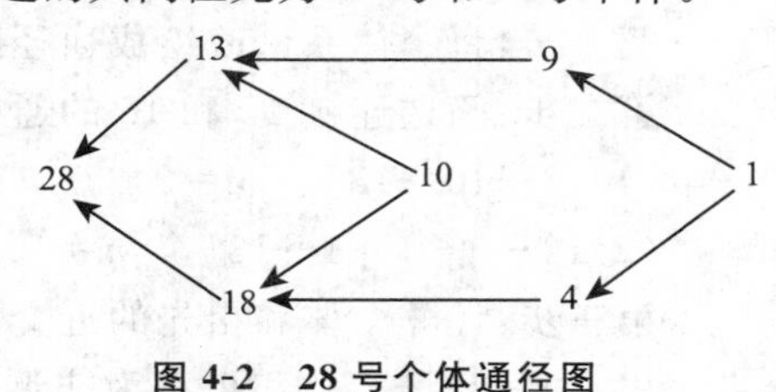

图4-2　28号个体通径图

第三步:画出双亲与共同祖先连接的通径链。

正确追溯变量间的全部通径链是通径分析中计算变量间相关关系的关键。通常有以下几条原则:

(1)通径链的方向只能先退后进。

(2)通径链可连续后退,或连续前进,也可先连续后退再连续前进,但在一条通径链内只能改变一次方向。

(3)邻近的通径必须以尾端才能与相关线连接,一条通径链最多只能含有一条相关性,不同的通径链可以重复通过一条相关线。

(4)追溯两个结果的所有通径时应避免重复。

按照通径链追溯原则,找出28号双亲与共同祖先10号和1号的通径链有以下2条:

①双亲与共同祖先10相连接的通径链:

13←10→18　　$N=3$

②双亲与共同祖先1相连接的通径链:

13←9←1→4→18　　$N=5$

第四步:代入公式,计算28号个体的近交系数。

由于共同祖先10和1都为非近交个体,故 $F_{10}=0$;$F_1=0$。

$$F_{28}=\sum\left[\left(\frac{1}{2}^N\right)\times(1+F_A)\right]=(1/2)^3+(1/2)^5=0.156\ 3\qquad 即15.63\%。$$

说明:凡双亲至共同祖先的总代数(n_1+n_2)不超过6,即通径链上所有个体的总数(N)不超过7,近交系数大于0.78%者为近交;小于0.78%者,则称为远交或非亲缘。

2.计算 $R_{(28)(1)}$

第一步:将个体系谱改绘成通径图,如图4-2所示。

第二步:筛选连接28和祖先1的通径链。

(1)28←13←9←1　　$n=3$

(2)28←18←4←1　　$n=3$

第三步：计算个体与祖先的近交系数。

由于个体 28 的近交系数 $F_{28}=0.156\,3$，祖先 1 为非近交个体，故 $F_1=0$。

第四步：代入公式，结果如下：

$$R_{(23)(1)}=\left[\left(\frac{1}{2}\right)^3+\left(\frac{1}{2}\right)^3\right]\sqrt{\frac{1+0}{1+0.156}}=\frac{1}{4}\sqrt{\frac{1}{1.156}}=0.232\,5\qquad 即\ 23.25\%$$

3. 计算 $R_{(13)(18)}$

第一步：将个体系谱改绘成通径图，如图 4-2 所示。

第二步：筛选连接 13 和 18 的通径链。

(1)13←10→18　　$n=2$

(2)13←9←1→4→18　　$n=4$

第三步：计算个体和祖先的近交系数。

由于共同祖先 10 和 1 都为非近交个体，故 $F_1=0$；$F_{10}=0$。13 和 18 都为非近交个体，故 $F_{13}=0$；$F_{18}=0$。

第四步：代入公式，结果如下：

$$R_{(13)(18)}\left(\frac{1}{2}\right)^2+\left(\frac{1}{2}\right)^4=0.25+0.062\,5=0.312\,5\qquad 即\ 31.25\%$$

五、作业

1. 15 号公牛的横式系谱如下，试计算 15 号与 20 之间的亲缘系数。

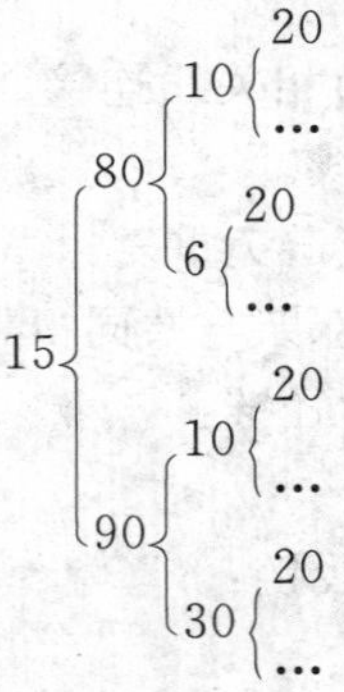

```
                20
          10 {
                …
     80 {
                20
          6  {
                …
15 {
                20
          10 {
                …
     90 {
                20
          30 {
                …
```

2. 根据个体 X 的系谱计算 F_X、$R_{(X)(2)}$、$R_{(S)(D)}$。

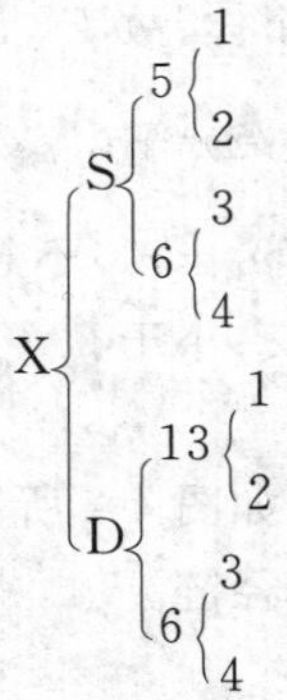

```
               1
          5 {
               2
     S {
               3
          6 {
               4
X {
               1
          13 {
               2
     D {
               3
          6 {
               4
```

【学习要求】

识记:品质选配、亲缘选配、近交、近交衰退、亲缘系数。

理解:同质选配与异质选配在什么情况下应用;为什么在畜禽育种中,不但要选种而且还要选配;近交衰退主要表现在哪些方面,如何防止。

应用:在生产实践中,如何正确运用选配知识,生产更优良的后代;生产实践中,怎样正确运用近交。

【知识拓展】

选配与种群遗传距离

选配是人们有意识、有计划地决定公母畜的配对,以达到优化后代遗传基础,培育和利用良种的目的。要想真正实现这一目标,就必须了解与选配双方的遗传结构,即遗传资源评价。而传统的选配方式,无论是个体选配还是种群选配,无论是品质选配还是亲缘选配,无论是纯种繁育还是杂种繁育,都是基于畜禽形态特征和表型性状的描述,无法获取有价值的遗传信息,势必导致传统选配方式的盲目性和选配结果的不可预测性。随着生物技术的发展,这种状况将会彻底改变,人们可以从细胞、蛋白质和分子水平上全面深入了解与配双方的遗传基础,获取有价值的遗传信息,为科学选配提供理论依据。

随着分子生物技术的发展,从分子水平上进行畜禽遗传资源的评价已成为研究热点。许多学者将分子生物技术的方法应用于遗传资源的评价,研究畜禽品种的遗传多样性、遗传结构及其系统发育关系,为畜禽遗传资源的选种选配提供理论依据。目前采用的方法主要有:限制性酶切长度多态性分析(RFLP)、扩增片段长度多态性分析(AFLP)、随机扩增多态DNA分析(RAPD)、微卫星分析、DNA单链构象多态性分析(SSCP)、DNA序列测定、单核苷酸多态性分析(SNP)及基因芯片分析技术。同时建立了畜禽资源多样性的评价指标,如平均数和变异系数、基因频率和基因型频率、遗传变异度量参数和遗传距离等。

遗传距离是指不同的种群或种之间的基因差异的程度,并且以某种数值进行度量。是用来估计不同种群之间遗传分化程度的一个指标。因此,遗传差异的任何数值测定,只要是在序列水平或在基因频率水平上,由不同个体、种群或种的数据计算而来,皆可以定义为遗传距离。

种群遗传距离是研究群体遗传多样性的基础,可用来描述群体的遗传结构和品种间的差异,根据选配双方的遗传距离信息,可用预测后代的遗传基础,从而选择适当的选配方式,达到优化后代遗传基础的目的,同时还可以开展杂种优势预测和保种效果监测。所以,将遗传距离应用于选配,可进一步提高选配方式的科学性和选配结果的预见性。

【知识链接】

1. NY/T 1673—2008　畜禽微卫星DAN遗传多样性检测技术规程
2. NY/T 1898—2010　畜禽线粒体DNA遗传多样性检测技术规程

Project 5

畜禽品种资源及保护

学习目标

了解品种的起源，掌握品种的概念、特性及分类；理解畜禽品种资源的保存原理和方法；了解品系的概念、作用及类别；掌握引种需要注意的问题；能够识别生产中常见品种，了解其主要性能特点；学会制订引种及保种方案。

【学习内容】

任务一　畜禽品种概述

一、品种的概念

动物的“种”是具有一定形态、生理特征和自然分布区域的生物类群，是动物分类学的基本单位，是自然选择的产物。从遗传学观点说，各个物种染色体数目和形态结构不同，基因位点不同，因此种间存在生殖隔离现象。品种是人们为了某种经济目的，在一定的自然和经济条件下，通过长期选育而形成的具有某种经济价值的动物类群。品种是畜牧学上的分类单位，是人工选择的结果。品种间的基因位点相同，染色体可以配对，因此品种间可以自由交配。例如，黄牛分化成肉用型、乳用型和役用型等不同类型，在这些类型中又有各具不同特点的类群，称为品种，譬如肉用牛中的海福特、夏洛莱等品种。作为一个畜禽品种应具备以下条件：

（一）具有较高的经济价值

一般来说，作为一个品种应具备较高的经济价值，能够满足人们的需要，或是生产水平高，或是产品质量好，或是对某一地区具有良好的适应性。如太湖猪具备高繁殖性能，以产仔数多闻名于世；金华猪以肉脂品质好，细嫩多汁著称；美利奴羊细毛多；滩羊的裘皮质量好；蒙古羊适应性强。

（二）来源相同

凡属于同一个品种的畜禽，都具有基本相同的血统来源，其遗传基础也非常相似。一般来说，古老的品种往往来源于一个祖先，而培育的新品种则可能来源于多个祖先。如我国培育的新疆细毛羊的共同祖先是哈萨克羊、蒙古羊、高加索羊及泊列考斯羊 4 个品种。

（三）特征特性相似

同一个品种畜禽在体形结构、外貌特征、主要经济性状及对自然环境条件的适应性等方面都很相似，它们构成了该品种的基本特征，据此很容易与其他品种相区别。如东北民猪是黑色；金华猪是两头乌；中国黑白花奶牛产奶量高；海福特牛产肉多。

（四）遗传稳定，种用价值高

畜禽品种不仅要有一定的经济价值，更重要的是要有稳定的遗传性，才能将其典型的特征遗传给后代。这不仅使品种得以保持下去，而且当它与其他品种杂交时能起到改良作用，具有较高的种用价值。也就是说，一个品种必须具有一定的育种价值，否则其经济价值也就很有限了，这是纯种畜禽与杂种畜禽的最根本区别。

（五）有一定的结构

在具备品种基本共同特征的前提下，一个品种的个体可以分为若干各具特点的类群，称为品系或类型。所谓品系是一群具有某种突出性状，能稳定遗传，相互有亲缘关系的个体组成的类群。这些类群可以是自然隔离形成的，也可以是育种者有意识培育而成的，它们构成了品种内的遗传异质性，这种异质性为品种的遗传改良和提供丰富多样的畜产品提供了条件。如东北细毛羊有辽宁小东种畜场、吉林双辽种羊场和黑龙江银浪羊场等不同类型；甘肃省的藏羊根据生产性能、生态环境及经济性状分为甘加型藏羊、乔科型藏羊和欧拉型藏羊。

(六)有足够的数量

数量是决定能否维持品种结构、保持品种特性、不断提高品种质量的重要条件，数量不足不能成为一个品种。只有当个体数量足够多时，才能进行选种选配工作，才能保持个体的适应性、生命力和繁殖力，避免近交或与其他品种杂交。例如，规定新品种猪至少应有分属5个以上不同亲缘系统的50头以上生产公猪和1 000头以上生产母猪，绵、山羊新品种的特级、一级母羊数应在3 000只以上。当畜群已基本具备以上条件，只是含量不足时，一般称“品群”。品种内只有有了足够数量的个体，才能正常地进行选种选配工作，不致被迫近交或与其他品种杂交。

(七)被社会、政府或品种协会认可

作为一个品种必须在社会生产实践中被生产者所接受，得到较大范围的推广，经过政府或品种协会等权威机构进行审定，确定其是否满足以上条件，并予以命名，只有这样才能正式称为品种。

二、畜禽品种的分类

目前畜禽生产中较常用且实用的分类方法主要有3种，即按品种的体型外貌特征、品种的培育程度和品种的经济用途来分类。

(一)按体型和外貌特征分类

(1)按体型大小分类。可将畜禽分为小型、中型、大型三种。例如马有小型马(阿根廷的微型马)、中型马(蒙古马)和大型马(重挽马)；家兔有小型品种、中型品种、大型品种；猪也有小型猪(中国的香猪)。

(2)按毛色或羽色分类。猪有黑(汉普夏猪)、白(长白猪)、花斑(皮特兰猪)、棕红(杜洛克猪)等品种；羊有黑头(黑萨福克)和白头(白萨福克)等品种；鸡的芦花羽、白羽、红羽等都是重要的品种特征。

(3)按角的有无分类。根据角的有无可将牛、绵羊分为有角品种和无角品种。

(4)按尾的长短或大小分类。绵羊有大尾品种(大尾寒羊)、小尾品种(小尾寒羊)以及脂尾品种(哈萨克羊)等。

(5)按鸡的蛋壳颜色分类。有褐壳品种、青壳品种和白壳品种等。

(6)按骆驼的峰数分类。有单峰驼和双峰驼。

(二)按培育程度分类

1.原始品种

一般都是较古老的品种，是农业生产水平较低，长期选种选配水平不高，饲养管理粗放，种群基因库基本上保持着长期自然选择、自然进化的结果，个体适应野生时期原有的生态环境，未经系统的人工选择而形成的品种。例如，蒙古牛、藏羊、哈萨克羊、民猪、藏猪、仙居鸡等都属于这类品种。鉴于原始品种形成的条件，其具有以下特点：

(1)晚熟，体格相对较小。

(2)体型结构协调，生长发育慢，生产力低但较全面。

(3)体质粗糙，耐粗耐劳，适应性强，抗病力强。

因此，对当地自然条件具有很强适应性的原始品种，是培育能适应当地生态环境而又高产新品种所必需的原始素材。在改良提高原始品种时，首先要加强饲养管理，然后再进行适当的选种选配或杂交，从而提高其遗传性能和生产性能。

2.培育品种

是有明确育种目标，经过系统的人工选择而育成的品种。这类品种是在人类经济和科技水平较发达的社会阶段形成的，集中了特定的优良基因，其产品相对比较专门化，在某些性状上的表现明显高于原始品种，具有较高的生产力和育种价值，对畜牧业生产力的提高起重要作用。如长白猪、甘肃高山细毛羊等。培育品种大多具有以下特点：

(1)生产性能水平高，而且比较专门化。如专门乳用的黑白花奶牛，肉用的海福特牛，裘皮用的滩羊。

(2)体型较大，早熟，即能在较短时期内达到成熟。

(3)分布广泛，往往超出原产地范围。由于生产性能好，受人类青睐，保证了它的广泛分布。如荷斯坦奶牛、约克夏猪等已遍布全球大部分地区。

(4)育种价值高，与其他品种杂交时，能起到改良作用。

(5)对饲养管理条件要求较高，同时也要求较高的选种选配技术条件来保持和提高。

(6)品种结构复杂。一般来说，原始品种的结构只有地方类型，而培育品种因人工选择，除地方类型和育种场类型外，还有许多品系和类群。

3.过渡品种

是指尚未成为培育品种，但比原始品种的培育程度高的品种。但过渡品种很不稳定，如能加强选育，就能成为培育品种。

(三)按生产类型分类

按生产类型可将品种分为专用品种和兼用品种。

(1)专用品种。又称专门化品种，经人类长期选择和培育，品种的某些特征获得了显著发展或某些组织器官产生了突出的变化，从而形成了专门的生产力。如羊分为细毛品种、半细毛品种、羔皮品种、裘皮品种和肉用品种等；猪分为脂肪型品种和瘦肉型品种等；牛分为乳用品种和肉用品种等；鸡分为蛋用品种、肉用品种、药用品种和观赏品种等。

(2)兼用品种。也称综合品种，即兼有两种或两种以上生产力方向的品种。这类品种有两种：一是在生产力水平较低的情况下形成原始品种，它们的生产力全面但很低；二是专门培育的兼用品种，具有较强的适应性，体质健康结实，但生产力低于专用品种。如羊有毛肉兼用细毛羊品种、牛有肉乳兼用品种、鸡有蛋肉兼用品种。

任务二　品种资源保护与利用

我国畜禽品种遗传多样性，特别是地方品种的优异种质特性，是几千年来多样化的自然生态环境所赋予的。每个品种中汇集着各式各样的优良基因，在一定的环境中发挥作用，使品种表现出各种为人类所需要的优良性状。因此，一个品种就是一个特殊的基因库，这些品种资源在当前及今后畜牧业可持续发展中仍然发挥作用，也是培育优质高产品种和利用杂种优势的良好原始材料。全球 6 600 多种畜禽和畜禽遗传数据，大约 22%有灭绝危险。我国畜禽遗传资源的群体数量也有不同程度的下降，据第二次全国畜禽遗传资源调查发现，濒危灭绝的地方品种数量显著增加，与第一次畜禽遗传资源调查相比，有 15 个地方品种初步判断已灭绝。因此，认真保护和合理利用品种资源，确实是一项重要的任务。

一、我国家畜品种资源

1.猪

我国猪品种资源丰富，按来源、分布及其形态和性能特点等，大体可分为华北、华南、华中、江海、西南、高原 6 大类型。每一类型中又有许多独特的猪种类型，如产仔数多的太湖猪，早熟快长的陆川猪，耐寒体大的东北民猪，体型很小的香猪，适于腌制优质火腿的金华猪，能适应高海拔条件且具有抗寒、耐粗饲的藏猪等。列入中国畜禽遗传资源志的猪种有 104 个地方品种，18 个培育品种和 6 个引入品种。

2.牛

我国也有极其丰富的牛种资源，不仅分布着牦牛、黄牛、水牛等不同种属的牛，而且还形成了许多著名的地方良种或类型。如著名的地方良种有秦川牛、鲁西牛、南阳牛、晋南牛和延边牛，这些牛品种体躯高大、结实，役用能力强，肉用性能好，是发展和培育我国肉牛的基础。水牛类群较多，但都属于沼泽型，有产于江苏、浙江沿海一带的海子水牛；有产于湖南的滨湖水牛，体力强，适于南方水田耕作。牦牛产于青藏高原海拔 3 000 m 以上的高寒地带，具有产奶、产肉、驮运等特性，是青藏高寒牧区牧民不可缺少的畜禽。如产于甘肃省天祝地区的天祝白牦牛，不仅是甘肃省宝贵的畜种资源，也是我国珍稀的牦牛种质资源。列入中国畜禽遗传资源志的牛种有 94 个地方品种，10 个培育品种和 13 个引入品种。

3.羊

一般根据用途将绵羊分为细毛羊、半细毛羊、粗毛羊、裘皮羊和羔皮羊；将山羊分为乳用山羊、毛用山羊、绒用山羊和皮用山羊。我国拥有很多世界著名的绵、山羊品种资源，如具有特别良好生态适应性的蒙古羊、哈萨克羊和藏羊；以独特的二毛裘皮羊品种滩羊；产于青海、甘肃的黑裘皮羊；江苏、浙江的湖羊是著名的羔皮羊品种；产白色二毛裘皮，花穗弯曲美观等中卫山羊以及产绒量高的辽宁绒山羊和内蒙古绒山羊等。列入中国畜禽遗传资源志的羊种有 140 个，其中绵羊有 42 个地方品种，21 个培育品种和 8 个引入品种；山羊有 58 个地方品种，8 个培育品种和 3 个引入品种。

4.家禽

在家禽方面，我国是品种资源最丰富的国家之一，主要有蛋用型、肉用型、观赏型、药用型等。如骨细、肉嫩、味鲜的北京油鸡等；体小省料，年产蛋达 200 枚以上，蛋重 40 g 以上的浙江仙居鸡；生长快、产蛋多的北京鸭；体型大的狮头鹅等。列入中国畜禽遗传资源志的禽种有 181 个，其中鸡有 107 个地方品种、4 个培育品种、5 个引进品种；鸭 32 个地方品种、2 个引进品种；鹅有 30 个地方品种、1 个培育品种。

二、保种的意义和方法

保种是“品种资源保存”的简称，是指妥善地保护人们需要的畜禽品种资源，使之免遭混杂或灭绝，其优良特性不致丧失。也就是说，要妥善保存现有畜禽资源的基因库，使其中每一种基因不致丢失，无论它目前是否有利。从这个意义上说，保种要求闭锁繁育和防止近交，而不强调品质的提高。可以看出保种的实质是畜禽繁育体系的一种形式，也是保护生物多样性的内容之一。

随着商品畜牧业的发展，大量地方品种遭到排挤或濒于灭绝，出现了品种资源枯竭的危机。保种这一主题在世界范围内具有极其重要的意义，被保存的品种视为不可代替的遗传资源，一旦丢失，对人类利益的损害很大。保种具有以下3个意义。

1.维持遗传多样性

遗传多样性就是蕴藏在动物、植物和微生物基因中生物遗传信息的复杂多样。保种的关键就是维持遗传多样性，一个濒危品种总有可能具有将来有用的特征，尤其是与抗病性和环境适应性有关的特征，要理解其遗传方式及如何用遗传学手段将它们穿插到另一品种中去。如果畜禽遗传多样性大幅度下降，就会严重影响到未来的畜禽改良，对满足人类社会各种不可预见的需求带来很大限制，进而引起畜禽生产方式的改变。

2.保护是发展的一部分

保种的目的在于发展和持续利用，但又不限于目前的利用。当前有利的遗传选择目标可能对将来并不适宜，通过维持或创造具有不同特征的品种就会降低这种风险，即不能要求所有的品种都要有利于眼前的利益。例如，曾经很受欢迎的脂肪型猪，随着消费者对瘦肉多、脂肪少的食品的需求，已被更适应市场需求的现代瘦肉型品种和杂交配套系所取代，其销售价格也随瘦肉量的多少而定。但是近年来人们对肉质的要求越来越高，因此，在注重瘦肉率提高的同时对肉质性状，如肌间脂肪含量等更加重视，有可能成为新的重点改良性状。

3.社会文化的需要

保种除了学术因素外，社会文化的需要和再创造的储备等都是应考虑的因素。许多人对欣赏和观察野生动物具有浓厚的兴趣，这些动物被视为世界遗产的一部分，为了下一代人而保存这些动物资源是当代人类的责任。

在理论上，有效的保种办法是在品种繁殖过程中防止近交和延长世代间隔。畜禽品种可采取活体原位保存、冷冻保存(胚胎或精液)和DNA保存3种方法。

活体保存是目前最实用的方法，可以动态保存品种资源，其弊端在于需要设立专门的保种群体，维持成本很高，存在管理问题。畜群还会受到各种因素的影响，例如疾病、近交、群体混杂以及自然选择造成的群体遗传结构变化等。

DNA基因组文库作为一种新型的遗传资源保存方法，处于研究阶段。在将来需要时，可以通过转基因工程，将保存的独特基因组合到同种或异种动物基因组中，从而使理想的目标性状重新回到活体畜群。这是一种最安全、最可靠、维持费用最低的遗传资源保存方法。

冷冻保存处理尽管不能完全代替活体保种，但作为一种补充方式，仍具有很大的实用价值，特别是对稀有品种或品系，利用这种保存方法可以较长时期地保存大量的基因型，免除畜群对外界环境条件变化的适应性改变。从现实出发，要使品种不致混杂退化，必须采取保种与选育利用相结合的措施，着重使群体主要优良基因经过大量世代能够保存而不丢失。

活体保种和生物技术保种是一个有机的整体，采取活体保种与细胞保种、基因保种相结合的方式，可使动态和静态保护既相互独立、又相互补充，不同的畜种采取不同的保种手段。在目前科技发展条件下，活体保种仍然是我国畜禽遗传资源保护的主要形式，生物技术保种是增加资源安全性，提高保种效率的重要手段。

三、保种的原理

保种工作是当前畜禽育种工作中的一项重要任务，根据群体遗传学原理，在一个闭锁的有限群体内，特别是小群体内，任何一对等位基因都有可能因突变、选择、迁移、遗传漂变等影响，使其中一个基因固定为纯合子，另一个消失，致使群体中的纯合体频率增加，杂合体频率降低。近交不但能引起衰退，而且由于它具有使基因趋向纯合的作用，因而在选择和遗传漂变的配合下，也能使某些基因消失。因此，保种并不是繁育某一品种的群体，也不是简单地保持一个品种的原状，保种的实质是保持品种的特异性状，稳定品种群体的基因频率，维持群体的基因平衡。要想妥善地保存现有畜禽品种，必须考虑以下因素。

(一)群体有效含量

群体近交系数增加的快慢，主要受群体大小和留种方式的影响。一般来说，群体愈大，近交系数增量愈小；相反，群体愈小，近交系数增量就愈大。但是，同样数量的群体，由于公母比例不同，近交系数增量亦不同。因此，在进行群体比较时，常常以群体有效含量(N_e)来表示群体大小。所谓群体有效含量是指实际群体所具有的个体数相当于理想群体繁育个体的数目。理想群体是指规模恒定、公母各半、没有选择、迁移、突变，也没有世代交替的随机交配群体。当留种方式和公母比例不同时，群体有效含量的计算方式也不相同。

1.随机留种

所谓随机留种就是将群体内所有公畜的后代放在一起，根据个体的表型值高低来选留后备种畜，选留公畜数一般少于母畜数。这样，优良种畜的后代选留就多，劣等公畜的后代可能被排除在外，使以后各代群体内个体间亲缘关系越来越近，群体有效含量减少，近交系数增量加快。采用随机留种计算群体有效含量的公式是：

$$N_e=\frac{4N_s\times \mathrm{N_D}}{N_s+N_D}$$

此时每一代近交系数增量的公式是：

$$\Delta F=\frac{1}{2N_e}=\frac{1}{8N_s}+\frac{1}{8N_D}$$

公式中，N_e表示群体有效含量；ΔF 表示每世代近交系数增量；N_s表示实际参加繁殖的公畜数；N_D表示实际参加繁殖的母畜数。

例如，有一群体由 5 头公畜和 25 头母畜组成，采取随机留种，每世代都保持 5 头公畜和 25 头母畜，群体的有效含量计算如下：

$$N_e=\frac{4\times 5\times 25}{5+25}=\frac{500}{30}=16.67(\text{头})$$

每一世代近交增量为：

$$\Delta F=\frac{1}{2N_e}=\frac{1}{33.34}=0.03$$

或
$$\Delta F=\frac{1}{8N_s}+\frac{1}{8N_D}=\frac{1}{8\times5}+\frac{1}{8\times25}=\frac{1}{40}+\frac{1}{200}=0.03$$

2.各家系等量留种

实行这种留种方式，就是在每世代中，各家系选留的数量相等，而公、母数量保持原比例，这时计算群体有效含量的公式为：

$$N_e=\frac{16N_s\times N_D}{N_s+3N_D}$$

此时每一代近交系数增量的公式为：

$$\Delta F=\frac{1}{2N_e}=\frac{3}{32N_s}+\frac{1}{32N_D}$$

例如，有5头公畜和25头母畜组成的群体，每世代都按这个比例各家系等量留种，即每个家系留1公5母，群体有效含量计算如下：

$$N_e=\frac{16\times5\times25}{5+3\times25}=\frac{2\ 000}{80}=25$$

群体近交系数增量为：

$$\Delta F=\frac{1}{2N_e}=\frac{1}{2\times25}=0.02$$

或 $$\Delta F=\frac{3}{32N_s}+\frac{1}{32N_D}=\frac{3}{32\times5}+\frac{1}{32\times25}=0.02$$

不同的留种方式对群体有效含量和近交系数的增量有明显的影响。家系等量留种比随机留种近交系数增量要小；同样实行家系等量留种，公畜数多，近交系数增量相对较小。所以群体的公畜数量的多少对保种起着重要作用，在畜禽品种的保种过程中，就应保留一定数量的家系，在以后世代中也应采取各家系等量留种的方法，如果因某种原因必须减少群体头数的话，不应公母等量减少，而应尽量多留公畜，以保持更多的血缘来源，才有利于保种。

(二)选择

从保种角度讲，应使群体中各种基因频率保持不变，而无论自然选择还是人工选择都使群体的基因频率发生改变。如果选择彻底，可使相对基因的一方达到固定，另一方消失，所以，选择不利于保种。

(三)世代间隔

世代间隔越短，群体近交系数在一定期间上升的幅度越大，特定基因从群体中消失的速度越快。因此，除了濒临品种需要恒定数量的群体之外，在保证正常生殖的条件下应尽可能延长世代间隔。

总之，尽可能扩大畜群规模、缩小公、母畜头数差距、延长时代间隔、实行各家系等数留种和公畜随机等量的交配体制有利于保种。

四、畜禽遗传资源的开发与利用

畜禽遗传资源保存的最终目的是现在和将来的利用，一些目前尚未得到充分利用的畜禽品种资源需要不断地发掘其潜在的利用价值，特别是一些独特性能的利用，以便为提高我国未来畜牧业市场竞争能力打下基础。一般而言，畜禽品种资源可以通过直接和间接两种方式进行开发利用。

(一)直接利用

我国的地方良种以及新育成的品种，一般都具有较高的生产性能，或者在某一性能方面有突出的生产用途，它们对当地的自然生态条件及饲养管理方式有良好的适应性，因此可以直接用于生产畜产品。如药用的乌骨鸡、羔皮用的湖羊、烤鸭用的北京鸭、适用制作火腿的金华猪等。一些引入的外来良种，生产性能一般较高，若这些品种的适应性也较好，可以直接利用。

(二)间接利用

对于地方品种而言，由于生产性能较低，作为商品生产的经济效益较差，可以在保存的同时，创造条件来间接利用这些资源，主要有两种方式：

1.作为杂种优势利用的亲本

在开展杂种优势利用时，要求母本繁殖能力好、母性强、泌乳力高、对当地条件的适应性强，我国地方良种大多都具备这些优点，可以直接用作生产杂交优势的母本，提高该品种的利用价值，使人们认识到保种的重要意义和作用。对父本的要求，主要是有较高的增重速度和饲料利用率，外来品种一般可作父本。由于不同品种的杂交效果是不一样的，应进行杂交试验确定最佳杂交组合、最优杂交父本和母本，供推广使用。

2.作为培育新品种的原始素材

在培育新品种时，为了使育成的新品种对当地的气候条件和饲养管理条件具有良好的适应性，通常都需要利用当地优良品种或类型与外来品种杂交，通过适当的育种方法和手段培育具有良好适应性的新品种。例如，甘肃高山细毛羊是以新疆细毛羊、高加索细毛羊为父本，当地西藏羊、蒙古羊为母本杂交培育的我国第一个高原型细毛羊品种。

任务三　设计某地方优良品种保种方案

一、目的

通过实训，使学生掌握制定某地方品种选育计划与保种实施方案，了解我国畜禽地方种质资源及地方优良品种的生产性能。

二、原理

畜禽种质资源是以物种为单元的遗传多样性资源，关系畜牧业可持续发展和生物多样性以及人类社会可持续发展的重要物质基础。我国地方畜禽遗传资源保护遵循以下原则。

(1)保证纯繁；保持动物的遗传多样性和表型多样性；

(2)在相应的生态条件下，采用随机小群保种或同一品种有多个地方保种，即“群体分割，多点保护”。

(3)根据“重点、濒危、特定性状”的保护原则和急需保护品种资源的分布情况，建成国家级地方畜禽品种资源基因库和地方性保种场，实施异地和原产地保护。

三、方法与步骤

保种工作是当前家畜育种工作中的一项重要任务，根据群体遗传学原理，在一个闭锁的有限群体内，特别是小群体内，任何一对等位基因都有可能因突变、选择、迁移、遗传漂变等影响，使其中一个基因固定为纯合子，另一个消失，致使群体中的纯合体频率增加，杂合体频率降低。近交不但能引起衰退，而且由于它具有使基因趋向纯合的作用，因而在选择和遗传漂变的配合下，也能使某些基因消失。因此，保种并不是繁育某一品种的群体，也不是简单地保持一个品种的原状，保种的实质是保持品种的特异性状，稳定品种群体的基因频率，维持群体的基因平衡。要想妥善地保存现有畜禽品种，必须考虑以下因素。

(一)保种群规模的确定

要保持一个优良品种的特性，必须有一个合理的保种群体含量，群体含量愈大，对保种愈有利。但是群体的增大要增加相应的饲养管理设施，会给保种工作带来许多困难。保种群体含量的大小与群体的公母比例、留种方式、每世代控制的近交系数增量密切相关。确定基础群最低含量的方式如下：

1.确定每世代近交系数的增量

基础群在繁殖过程中，必须使其中每一世代的近交系数增量，不要超过使畜群可能出现衰退现象的危险界限。一般认为，家畜每世代近交系数的增量不应超过0.5%～1%；家禽则不应超过0.25%～0.5%。否则，就有可能出现不良现象。

2.确定群体公母比例

群体中公畜数过少，如只留2～3头，是难以保持品种不因近交而造成退化的。群体必须有适当的公母比例。根据实际情况，各种家畜的保种的公母比例是：猪、鸡1∶5，牛、羊1∶8。

3.计算最低需要的公母数量

确定了群体的适宜近交系数增量和公母比例后，可按下列公式计算一个基础群所需的最低公畜数量，然后再按比例计算母畜数。

在随机留种时，计算需要公畜数的公式是：

$$N_s=\frac{n+1}{\Delta F\times 8n}$$

在家系等量留种时，计算公畜数公式是：

$$N_s=\frac{3n+1}{\Delta F\times 32n}$$

式中：N_s为最低需要的公畜数；n为公母比例中的母畜数；ΔF为每世代适宜的近交系数增量。

例如，某一品种猪群，在保种过程中，确定每世代近交系数增量为0.005(0.5%)，公母比例为1∶5。试问：(1)实行随机留种群体需要多大？(2)实行家系等量留种群体又应有多大？

解：(1)已知 $\Delta F=0.005$，$n=5$，将数据代入随机留种计算公畜数的公式：

$$N_s=\frac{5+1}{0.05\times8\times5}=30(\text{头})$$

这就是说，基础群至少需要有30头公猪，按公母比例为1∶5，还需要150头母猪。

(2)已知 $\Delta F=0.005$，$n=5$，将数据代入家系等量留种计算公畜数的公式：

$$N_s=\frac{3\times5+1}{0.05\times32\times5}=20(\text{头})$$

即按家系等量留种，基础群需要20头公猪和100头母猪。

(二)保种措施

根据以上原理，为了在整体上保存一个品种的遗传结构稳定，使其基因库中的每一种优良基因都不丢失，一般用以下方法：

(1)制订保种计划。保种只保护生产性能优良、具有特殊性能和潜在价值的品种，保种计划中包括保种的目的、保种地点、保种群大小、保种的年限及繁育方法等。

(2)品种调查。摸清各品种的数量、分布及生产性能，尤其是特殊性能和潜在价值的性能，并对品种资源进行评估。

(3)选择保种基地。保种基地一般选择在主产地区。该基地有明确的地理界限，基地内不能饲养相同畜种的其他品种，便于生殖和地理隔离，基地内饲料资料应丰富，有足够的面积支撑载畜量。

(4)建立适度规模的保种核心群。选择符合品种条件的优秀纯种组成核心群，个体无亲缘关系。保种规模可根据各代近交系数增量的要求进行确定，一般要求每代近交系数增量小于0.5%，猪、羊等中等大小家畜的群体有效含量应为200头，牛、马等大家畜的群体有效含量应为100头，并且要保证有足够的公畜，以维持一定的性别比例。

(5)合理留种。实行各家系等量留种，即在每一世代留种时，实行每一公畜后代中选留1头公畜，每一母畜后代中选留相同数量的母畜，并且尽量保持每个世代的群体规模一致。

(6)制定合理的交配制度。在保种群体中避免全同胞、半同胞交配的不完全随机交配制度，或采取非近交的公畜轮回配种制度，可以降低群体近交系数增量。也可以采用划分亚群，并结合亚群间轮回交配的方式。

(7)适当延长世代间隔。延长世代间隔可以降低群体近交系数增量，控制近交率的上升速度。

(8)外界环境条件相对稳定，控制污染源，防止基因突变。

(三)、生物技术在品种保护中的应用

1.冷冻精液技术

20世纪50年代牛冷冻精液保存方法获得成功，随后各种家养和野生动物冷冻精液研究发展迅速，目前世界多数国家都建立了各种动物精液基因库。

采用冷冻精液保种只能保存一个品种50%的遗传基因，为了克服采用冷冻精液的缺陷，更有效地保存品种资源，应结合冷冻胚胎来进行畜禽的异地保存，通过适当的受体采用胚胎移植的方法及时获得该品种的后代。

2.冷冻胚胎技术

自20世纪70年代初首次获得成功以来，已经在20多种哺乳动物上获得成功，奶牛、黄牛、山羊、绵羊、兔和小鼠的冷冻胚胎已得到较广泛的使用。牛的冷冻胚胎技术已被许多国家用于商业化生产。在动物遗传资源保护、挽救濒危野生动物方面，胚胎移植技术发挥出了越来越重要的作用。当前国内外已开始建立生殖细胞保存中心，我国农业部已建立了国家畜禽基因库，采用异地生物技术保存方式，保存了 232 个品种的遗传物质，采用超低温保存了 33 个品种的 60 000 多份冷冻精液，3 500 多枚冷冻胚胎，低温保存了 63 个地方猪种、85 个地方牛品种、71 个地方羊品种的共 13 000 余份个体的基因组 DNA，这为我国地方畜禽的基因保种奠定了一定基础。

3. 体外受精

体外受精是在对受精卵的受精机制、体外培养、胚胎移植等机理取得了突破进展的前提下所形成的一项技术。体外受精后发育成为正常的哺乳动物先后有 20 多种，体外受精结合冷冻保存技术不仅可以保存丰富的遗传资源，更重要的意义在于它可以定向改变遗传资源。

4. 基因文库

基因文库是某种生物全部 DNA 的克隆总体。建立基因文库保存 DNA 的方法从严格意义上来讲，并不是一种畜禽品种资源保护的措施，只能算一种遗传信息的片段保存，目前在畜禽保种上的应用还非常有限。

四、作业

根据畜禽保种原理及方法，结合当地畜禽资源，设计地方优良品种保种措施及实施方案。

任务四　引种与风土驯化

一、引种与风土驯化的意义

从动物的生态分布情况可以看到，各种动物都有其特定的分布范围，只能在特定的生态环境条件下生活。当野生动物驯化成家畜以后，在人类的积极干预下，其分布范围扩大了。尽管如此，各种家畜的分布还是不平衡的。以我国情况而言，绵羊主要分布于牧区，牛则农区较多，猪和鸡比较适于农区饲养，东北、内蒙古、新疆等气候较冷的地区，马的分布较多，南疆、关中等气候比较干旱，驴的比重较大。各种畜禽的地理分布与它们各自的历史发展条件以及对自然条件和农牧业条件的适应性有关。随着国民经济的发展，为了迅速改变当地原有畜禽的生产性能，常常需要从外地引入优良品种，有时还需引入新的畜禽种类，来满足人类日益增长的多种多样的需要。这种把外地或外国的优良品种、品系引进当地，直接推广或作为育种材料的一种育种措施，称为引种。引种时可以直接引入种畜，也可以引入良种公畜的精液或优良种畜的胚胎。

引种目的主要有两个，即直接利用和作为杂交改良的素材。引进原种，在当地自然条件下，长期进行风土驯化的过程中，通过纯种繁殖方法，是群体数量增加并达到一定规模后，就可以作为当地品种资源利用，从而发挥优良品种的作用。引入品种进行杂交改良是引种利用的主要目的，已成为提高畜禽生产性能和经济效益的重要手段。

改革开放以来，我国从国外引入的各种畜禽品种很多，国内良种调运也很频繁，在我国畜禽育种工作中起了很大作用。但由于某些地区和部门对引种工作的一些规范缺乏认识，出现盲目引种的现象，造成一些不应有的损失。因此，认真研究引入畜禽在新条件下的风土驯化过程，对于进一步发展我国畜牧业，具有十分重要的意义。

风土驯化指畜禽适应新环境条件的复杂过程。其标准是畜禽在新的环境条件下，不但能生存、繁殖、正常生长发育，而且能够保持其原有的基本特征特性。这不仅包括育成品种对于不良生活条件的适应能力，也包括原始品种对于丰富的饲料和良好的管理条件的反应，还包括畜禽对某些疾病的免疫能力。畜禽风土驯化主要是通过以下两种途径实现的。

(一)直接适应

从引入个体本身在新环境条件下直接适应开始，经过后代每一世代个体发育过程中不断对新环境条件的直接适应，直到基本适应新环境条件为止。这种情况只有当新迁入地区的环境条件属于该引入品种所能适应条件的范围内，才能达到目的。

(二)定向地改变遗传基础

当新迁入地区环境条件与原产地条件差异很大，超越了品种畜禽所能适应的范围时，导致引入畜禽不能很好地适应这种新环境条件会发生种种反应。在这种情况下，只有通过选择的作用和交配制度的改变，淘汰不适应的个体，留下适应的个体繁殖，从而改变群体中的基因频率和基因型频率，使引入品种在基本保持原有特性的前提下，通过改变遗传基础而达到适应新环境条件的目的。

应该指出，上述两种途径不是彼此孤立、互不相关的，往往最初是通过直接适应，以后由于选择的作用和交配制度的改变，而使其遗传基础发生了变化。

二、引种应注意的问题

鉴于自然条件对品种特性有着持久性和多方面的影响，在引种工作中必须采取谨慎态度。在引种前，应认真研究引种的必要性，必须切实防止盲目引种。在确定需要引种以后，必须做好以下几个方面的工作。

(一)正确选择引入品种

选择引入品种，首先必须考虑国民经济的需要和当地品种区域规划的要求。选择引入品种的主要依据是该品种具有良好的经济价值和育种价值，并有良好的适应性。前者反映引种的必要性，后者说明引种的可能性。

其次确定引种适宜区。引种时，所选品种的适应性大小或其生态幅度宽窄是应该考虑的因素，但品种原产地与引入地之间生态条件的相似程度大小是避免盲目引种的可靠依据。一般来说，新引入地与原产地纬度、海拔、气候、饲养管理等方面相差不远，引种通常都易成功；若差异较大，引种比较困难，但只要适当注意引入后风土驯化措施，也能成功。如摩拉水牛原产于炎热的印度、巴基斯坦地区，引入我国广西、湖北等地区后，均表现良好。

最后注意品种的特殊适应性。适应性是由许多性状构成的一个复合性状，包括人们日常所说的抗寒、耐热、耐粗饲、耐粗放管理以及抗病力等性状，可以直接影响畜禽生产力的发挥。有些品种在长期受某种生态条件影响下，形成了某些特别的自然环境适应性，在引种时要特别注意。我国滩羊的优质二毛裘皮，是在宁夏气候干旱、冬季温度不太低，植被质量较好的条件下形成的。将滩羊引入冬季严寒地区，则皮板变厚，绒毛增多，花穗散乱，失去了原有的特性。

为判断一个品种是否适宜引入，最可靠的办法是首先引入少量个体进行引种试验，实践证明其经济价值及育种价值高，能适应当地的自然和饲养管理条件后，再大量引种。

（二）慎重选择个体

在引种时对个体的挑选，除注意品种特性，体质外形以及健康、发育状况外，还应特别加强系谱的审查，注意亲代或同胞的生产力高低，防止带入有害基因和遗传疾病。引入个体间一般不宜有亲缘关系，公畜最好来源于不同家系。此外，年龄也是需要考虑的因素，由于幼年有机体在其发育的过程中比较容易对新环境适应，因此，从引种角度考虑，幼畜比较容易适应新环境，利用期限较长，有利于引种的成功。

随着冷冻精液及胚胎移植技术的推广，采用引入良种公畜精液和母畜的胚胎的方法，既可节省引种成本和运输费用，又有利于引种的成功。

（三）妥善安排调运季节

为了使引入品种在生活环境上的变化不过于突然，使机体有一个逐步适应过程，在调运时间上应注意原产地与引入地的季节差异。由温暖地区向寒冷地区调运种畜，一般以夏季抵达为宜；由寒冷地区向温暖地区接运种畜，一般以冬季抵达为宜。目的在于使家畜对新环境的过渡时间相对延长，让其逐渐适应气候变化。

（四）执行严格的检疫制度

切实加强种畜检疫，严格实行隔离观察制度，防止疫病传入，是引种工作中必须认真的一环。切不可敷衍，更不能流于形式，若检疫制度不严，常会带进当地原先没有的传染病，给生产带来巨大的损失。

（五）加强饲养管理和适应性锻炼

引种后的第一年是关键性的一年，必须加强饲养管理。做好接运工作，并根据原来的饲养习惯，创造良好的饲养管理条件，选用适宜的日粮类型和饲养方法，采取必要的防寒或降温措施，预防地方性的寄生虫病和传染病。

加强适应性锻炼和改善饲养条件，二者不可偏废。单纯注意改善饲养管理条件而不加强适应性锻炼，其效果有时适得其反。有些牧场为了使南方猪种落户与北方，在改善饲养管理条件的同时，加强适应锻炼，采取栏内加铺垫草，清晨赶猪放牧运动，夜间不喂过稀食物等措施，逐渐增强有机体对寒冷的抵抗能力，有效地使南方猪种适应北方气候。

三、引种后的表现

品种迁移到新地区后，由于自然条件和饲养管理的变化，以及选种方法或交配制度的改变，品种特性总是要或多或少发生一些变异，按照遗传基础是否发生变化，这些变异可归纳为两种类型。

（一）暂时性变化

自然环境的变迁和饲养管理的改变，常使引入品种在体质外形、生长发育、生产性能及其他生物学特征和生理特性等方面发生一系列暂时的变化。例如，畜禽迁移到新地区后，饲养管理条件太差，营养不足或缺乏某种营养要素时，常造成畜禽生长发育缓慢、体形狭窄细长、成熟期延迟、被毛无光、性机能表现某种程度的障碍等。这些现象看起来很像品种退化，但其遗传基础并未改变，只要所需条件得到满足，上述变异就会逐渐消除。

(二)遗传性变化

1.适应性变异

风土驯化过程中可能产生适应性，其结果可能在体质外形和生产性能上有某些变化，但适应性却显著提高。如新疆细毛羊品种由干燥寒冷气候条件引入温暖潮湿的南方后，经过长期风土驯化过程，其腹毛变稀变短，剪毛量下降，但其他指标，如繁殖力和体重，不但未减，有的还有提高。

2.退化

品种退化是指畜禽品种特性发生了不利的遗传变异，其主要特征是体质过度发育、生活力下降。具体表现主要是畜禽抵抗力较差，发病率增加，生产性能下降，特征不明显，出现畸形、死胎等现象增多。

发生退化的原因，主要有三个方面，一是畜群长期处在不适宜的环境条件下，造成生长发育受阻；二是选种时过分强调生产力而忽视体质的结实性；三是群体太小，又没有一定的选配制度，滥用近交等。所以品种退化是风土驯化和良种繁育过程中均可能出现的现象。

四、引种后的选育措施

(一)集中饲养

引入同一品种的种畜应相对集中饲养建立以繁育该品种为主要任务的育种场，以利风土驯化和开展选育工作。这是引入品种选育工作中极为重要的一点。只有改变引入品种过于分散的状况，提高它们的饲养管理水平和繁育技术水平，才能提高这些品种的利用率，充分发挥它们的作用。良种群的大小，可因畜种而不同。根据闭锁繁育条件下近交系数增长速度的计算，一般在良种群中需经常保持50头以上的母畜和3头以上的公畜，才不致由于其近交系数的增长而引起有害影响。在良种场要打破“见纯就留”的观点，要严格制定和执行选配制度，保证出场种畜的等级质量。

(二)慎重过渡

对引入品种的饲养管理，应采取慎重过渡的办法，使之逐步适应。要尽量创造有利于引入品种性能发展的饲养管理条件，进行科学饲养。例如，从国外引进的良种猪，其原产地的饲料多为精料型，而且蛋白质含量较高，应慢慢增加青料比例，使之逐渐适应我国的饲料类型。同时，还应逐渐加强其适应性锻炼，提高其耐粗性、耐热或耐寒性和抗病力。

(三)逐步推广

在集中饲养过程中要详细观察引入品种的特性，研究其生长、繁殖、采食习性、放牧及舍饲行为和生理反应等方面的特点。要详细做好观察记载，为饲养和繁殖提供必要的依据。在经过一段时间风土驯化，摸清了引入品种的品种特性后，才能逐渐推广到生产单位饲养。

(四)采取必要的育种措施

不同个体对新环境的适应性也有差异。在选种时，选择适应性强的个体，淘汰不适应的个体。在选配时，为了防止生活力下降和退化，避免近亲交配。为了使引入品种对当地环境条件更容易适应，也可考虑采取级进杂交的方法，使外来品种的成分逐代增加，拉长迁移的时间，缓和适应过程。

此外，在开展引入品种选育过程中，也必须建立相应的选育协作机构，加强组织领导，及时交流经验，做好种畜的调剂和利用工作。

【学习要求】

识记：品种、保种、群体有效含量、随机留种、引种、风土驯化。

理解：品种应具备的条件；保种的意义和任务；引种时注意事项。

应用：制订当地某一地方良种畜禽的保种方案。

【知识拓展】

拓展一　品种的审定

(一)品种审定的概念

畜禽遗传资源保护的对象是群体，最大群体是一个畜种，最小群体是一个家系。如何把群体划分成亚群，从而有利于保种是当前急需解决的问题。畜禽品种审定工作是解决这一问题的关键。所谓品种审定，是指国家畜禽品种审定委员会按照规定的形式和程序，受理畜禽品种培育单位的申请，对其培育的畜禽品种进行审查和评价，并做出相应的结论。

(二)我国现行品种审定行政规定

《畜禽新品种配套系审定和畜群遗传资源鉴定办法》规定了畜禽新品种申请与受理的条件和程序，审定、鉴定与公告的具体操作流程和期限，并规定了对所申请新品种和已审定通过的新品种情况的监督管理章程。

1. 申请条件

申请国家级畜禽品种审定应具备以下条件：

(1)品种主要特性、特征明显，生产性能优良，遗传性状稳定，与其他品种有明显区别。

(2)经试验增产效果明显，品质、繁殖率和抗病力等方面有一项或多项突出优良性状。

(3)培育品种数量及畜禽结构达到品种要求标准。

(4)应按要求提供由畜牧行政主管部门指定的畜禽品种检测机构出具的两年内的鉴定意见。

2. 申请程序

凡中华人民共和国境内从事畜禽品种培育工作的单位和个人，所培育的品种达到本规程第二章第六条的要求，均可按程序向国家畜禽品种审定委员会提出审定申请。

(1)提供的材料。畜禽品种审定申请者应向国家畜禽品种审定委员会提供如下材料：国家级畜禽品种审定申请表；育种技术工作报告；报审品种的声像、画册资料及必要的实物等。

(2)审定程序。国家畜禽品种审定委员会按照以下3个步骤受理申请单位的申请。

①材料初审：国家畜禽品种审定委员会接到申请后进行材料初审，在一个月内决定是否受理，并通知申请人，如不予受理，应说明理由。

②专家评审：对于材料初审合格的申请，按照本规程第三章第八条的规定成立专门的专

家审定小组，专家小组对本规程第三章的规定开展审定工作。专家审定小组意见必须依据专家3/4以上的意见形成，不同意见应在结论中明确记载。

③评审结论：国家畜禽品种审定委员会每半年召开一次专门会议，对专家审定小组的意见进行讨论，形成审定结论，并于受理申请后六个月内报农业部。

（三）品种审定的基本内容

国家畜禽品种审定委员会按《畜禽新品种配套系和畜禽遗传资源鉴定技术规范（试行）》的各项技术指标，包括品种来源、主要特性、特征、性能指标、遗传稳定性和数量指标等，核对所申请新品种是否符合要求，并相应作出审定意见。如羊品种（配套系）审定标准如下：

1. 本标准适用于绵羊、山羊地方品种和培育品种

2. 品种条件

(1)地方品种

①品种形成：长期分布于相对隔离的区域，与其他品种（或群体）无杂交。

②外形特征：外貌特征（毛色、角型和尾型）、体型结构应基本一致。

③群体规模：群体及等级群（二级以上）数量应在3万只以上，其中等级羊数量达到群体数量的70%以上。

④遗传性稳定：能将典型的优良性状稳定地遗传给后代。

⑤性能指标：要求测定出生、断奶、周岁和成年体重，周岁和成年体尺，毛（绒）产量，毛（绒）长度，毛（绒）纤维直径，屠宰率，胴体重，肉品质，产羔率等指标。

⑥品种标准：有本品种的鉴定和分级标准。

(2)培育品种

①培育过程：明确其初始品种；有明确的育种方案，并经至少4个世代的连续选育。

②外形特征：有符合育种方案所定的群体体型结构和外貌特征（毛色、角型、尾型及肉用体型）。

③群体规模：群体数量在2万只以上，其中特一级等级羊应占群体羊的70%以上。

④遗传性稳定：能将品种特征及主要优良性状稳定地遗传给后代，推广改良效果明显。

⑤性能指标：测定出生、断奶、周岁和成年体重，周岁和成年体尺，毛（绒）量，毛（绒）长度，毛（绒）纤维直径，净毛（绒）率，6月龄和成年公（羯）羊的胴体重、净肉率，屠宰率，骨肉比，眼肌面积，肉品质，泌乳量，乳脂率，产羔率等指标。

⑥适应性：对培育地区和引入异地的自然气候、饲草饲料利用、放牧性和抗病力的反应。

⑦育种档案资料：有完整的育种原始记录资料（包括照片、录像、毛样、纺织品样等）及实物。

⑧应有品种鉴定、分级标准，提供推广及改良的地区和数量，改良效果。

3. 健康水平符合有关规定

拓展二 《全国畜禽遗传资源保护和利用"十二五"规划》(摘录)

畜禽遗传资源是保护生物多样性、培育新品种、实现畜牧业可持续发展战略的重要生物资源。为深入贯彻实施《中华人民共和国畜牧法》（以下简称《畜牧法》），全面加强我国畜禽遗传资源保护和利用，实现有效保护、科学利用，促进畜牧业可持续发展，制定本规划。

(一)畜禽遗传资源保护工作取得积极成效

我国幅员辽阔,地理、生态、气候条件多样,民族文化和生活习惯迥异,孕育了丰富多彩的畜禽遗传资源,是世界上畜禽资源较为丰富的国家之一。据农业部2004—2008年全国畜禽遗传资源调查,我国有畜禽品种、配套系901个,其中地方品种554个。这些地方品种普遍具有繁殖力高、肉质鲜美、适应性强、耐粗饲等优良特性,有的还具有药用、观赏等价值,是培育新品种不可缺少的原始素材,是我国畜牧业可持续发展的宝贵资源。国家历来重视畜禽遗传资源的保护与利用,坚持把健全法律法规、加强体系建设、推进开发利用、参与国际合作等作为推进畜禽遗传资源保护工作的重要举措,取得了积极成效。

1. 建立健全了畜禽遗传资源保护的法律体系

"十一五"期间,国家颁布实施了《畜牧法》,出台了《畜禽遗传资源进出境和对外合作研究利用审批办法》、《畜禽遗传资源保种场保护区和基因库管理办法》等10个配套法规。《畜牧法》及其配套法规的颁布实施,是畜禽遗传资源保护法制建设的重要里程碑。

2. 完成了第二次全国畜禽遗传资源调查

我国上一次开展全国性的畜禽遗传资源调查是在20世纪七、八十年代。为摸清资源最新状况,农业部在"十一五"期间组织完成了第二次全国畜禽遗传资源调查。调查中有15个地方畜禽品种资源未发现,超过一半以上的地方品种的群体数量呈下降趋势。在资源调查的基础上,历时两年,编纂完成了《中国畜禽遗传资源志》,志书系统论述了畜种的起源、演变,品种形成的历史,详细介绍了每个品种的产地分布、外貌特征、生产性能、保护利用状况及展望等,对于产业发展、科学研究、人才培养具有重要的参考价值。

3. 初步建立了以保种场为主、保护区和基因库为辅的畜禽遗传资源保种体系

按照"分级管理、重点保护"的原则,农业部修订并公布了《国家级畜禽遗传资源保护名录》,对138个珍贵、稀有、濒危的畜禽品种实施重点保护。目前,基因库的战略储备作用开始显现,已将延边牛、鲁西牛、新疆黑蜂等品种的遗传物质返还原产地,特定类型得到了复壮,血统得到了丰富。

4. 畜禽遗传资源的开发利用成效进一步显现

通过对畜禽遗传资源的开发,许多地方品种生产性能有了显著提高,如山麻鸭、绍兴鸭等品种的产蛋量世界领先,经选育的辽宁绒山羊产绒量提高近1倍。运用现代育种技术,以地方品种为基本素材,培育了京海黄鸡、夏南牛、巴美肉羊等90个畜禽新品种。

(二)发展机遇和面临的挑战

畜禽遗传资源是生物多样性的重要组成部分,是国家重要战略性资源,具有不可再生性。畜禽遗传资源的拥有量和研发利用能力已成为衡量一个国家畜牧业综合实力和可持续发展能力的重要指标之一。当前,我国畜禽遗传资源面临难得的发展机遇:

1. 法律政策环境进一步改善

加强畜禽遗传资源保护,功在当代、利在千秋,畜禽遗传资源保护作为一项公益性事业,全行业公益性保种理念日益深化。国家从种业创新、良种工程、科技攻关、产业化开发等方面均将畜禽遗传资源的挖掘、评估、保存和开发利用纳入支持范围。

2. 市场需求呈现多样化、优质化

随着我国社会经济快速发展和人们生活水平的提高,物质和精神消费需求多样化,对畜产品品质的要求越来越高。一些具有保健功能和药膳作用的地方畜禽产品,越来越受青睐。

一些观赏、竞技类畜禽品种被作为宠物饲养，丰富了人们的精神生活。

3. 多元化保护开发格局正在形成

管理和保护机制不断创新，企业、个人从事畜禽遗传资源保护工作的积极性有了很大提高，一些社会资本积极参与畜禽遗传资源保护与开发利用，拓宽了投融资渠道，促进了资源保护、产品开发、加工销售和市场开拓的有机结合，开辟了资源保护与利用的新途径。

尽管我国的畜禽遗传资源保护与管理工作取得了一定成绩，但我们也应清醒地认识到，长期以来，由于单纯追求畜产品数量增长，普遍存在"重引进、轻培育"的现象，畜禽遗传资源保护投入不足，设施与手段落后，造成品种混杂、资源流失严重。一是部分畜禽遗传资源生存环境发生改变。"十二五"时期是我国工业化、城镇化深入发展中同步推进农业现代化的重要时期，农村千家万户饲养畜禽的传统发生改变，纷纷退出养殖业，而散养户饲养的畜禽相当一部分是地方品种，散养户的加快退出势必导致部分地方遗传资源数量减少，甚至灭绝。二是保种体系不健全。虽然国家已经建立了137个国家级畜禽保种场、保护区和基因库，但国家级保护名录中还有37个品种没有国家级保种场、保护区。三是科技创新滞后。畜禽保种理论和保种方法有待进一步完善，水禽、蜜蜂等畜种缺少科学有效的保种方法。这些问题的存在一定程度上影响着我国畜牧业的持续健康发展。

（三）重点工作

1. 畜禽遗传资源监测

建立国家级畜禽遗传资源动态监测评估中心，承担全国畜禽遗传资源动态监测和评价工作，审核、发布、预警最新资源信息。通过开发国家畜禽遗传资源数据库系统，建设信息共享平台，配置服务器、数据存储和上传等设施设备，开展数据采集、分析和录入等，逐步构建畜禽遗传资源动态监测预警体系。加强对地方品种种群规模、种质变化、濒危状况、保种效果、开发利用等常态监测，便于及时掌握资源动态变化，科学预测近期和中长期发展趋势。

2. 畜禽保种场保护区和基因库建设

加强畜禽遗传资源保护基础能力建设，在畜禽原产地建设190个国家级保种场、21个国家级保护区，支持6个国家级畜禽基因库建设。对列入《国家畜禽遗传资源保护名录》的畜禽品种实施有效保护。逐步建立畜禽保种场、保护区和基因库之间的遗传物质交换机制，提高保种效率和安全水平。加强对畜禽保种场、保护区和基因库的技术指导，制定并实施国家级畜禽保护品种的保种方案，建立保种场、保护区、基因库的保种技术规范，建立专家联系指导制度，提高保种工作的技术水平。

3. 畜禽遗传资源保护利用科技创新

依托有关科研院校和技术推广部门，深入开展畜禽遗传资源基础科学研究，完善畜禽保种理论，积极探索经济、有效、科学的保种方法，研究并推广综合配套技术，为科学保护和利用畜禽遗传资源提供技术支撑。制定国家畜禽遗传资源分类分级标准、编目体系以及数据要求和质量管理规范。加快制订畜禽遗传资源保护评价、濒危登记、鉴定评估等国家标准，完善国家畜禽遗传资源评估评价体系。研究并提出我国畜禽遗传资源利益分享机制。

4. 畜禽遗传资源产业化开发利用

以市场需求为导向，以企业创新为主体，选择具有开发利用潜力的优良地方品种，支持开展本品种选育，提高生产性能。支持培育50个畜禽新品种，形成以自我开发为主的育种体系，逐步建立以保护为基础、开发促保护的良性机制。以特色品种为依托，开发系列优质产品，实施产业化开发，满足多样化的市场需求。

附：国家级畜禽品种资源保护名录

2014年2月14日，农业部公告(2061号)了159个国家级畜禽品种资源保护品种，它们分别是：

(1)猪(42个)：八眉猪、大花白猪、马身猪、淮猪、莱芜猪、内江猪、乌金猪(大河猪)、五指山猪、二花脸猪、梅山猪、民猪、两广小花猪(陆川猪)、里岔黑猪、金华猪、荣昌猪、香猪、华中两头乌猪(沙子岭猪、通城猪、监利猪)、清平猪、滇南小耳猪、槐猪、蓝塘猪、藏猪、浦东白猪、撒坝猪、湘西黑猪、大蒲莲猪、巴马香猪、玉江猪(玉山黑猪)、姜曲海猪、粤东黑猪、汉江黑猪、安庆六白猪、莆田黑猪、嵊县花猪、宁乡猪、米猪、皖南黑猪、沙乌头猪、乐平猪、海南猪(屯昌猪)、嘉兴黑猪、大围子猪。

(2)牛(21个)：九龙牦牛、天祝白牦牛、青海高原牦牛、甘南牦牛、独龙牛(大额牛)、海子水牛、温州水牛、槟榔江水牛、延边牛、复州牛、南阳牛、秦川牛、晋南牛、渤海黑牛、鲁西牛、温岭高峰牛、蒙古牛、雷琼牛、郏县红牛、巫陵牛(湘西牛)、帕里牦牛。

(3)羊(27个)：辽宁绒山羊、内蒙古绒山羊(阿尔巴斯型、阿拉善型、二狼山型)、小尾寒羊、中卫山羊、长江三角洲白山羊(笔料毛型)、乌珠穆沁羊、同羊、西藏羊(草地型)、西藏山羊、济宁青山羊、贵德黑裘皮羊、湖羊、滩羊、雷州山羊、和田羊、大尾寒羊、多浪羊、兰州大尾羊、汉中绵羊、岷县黑裘皮羊、苏尼特羊、成都麻羊、龙陵黄山羊、太行山羊、莱芜黑山羊、牙山黑绒山羊、大足黑山羊。

(4)家禽(49个)：大骨鸡、白耳黄鸡、仙居鸡、北京油鸡、丝羽乌骨鸡、茶花鸡、狼山鸡、清远麻鸡、藏鸡、矮脚鸡、浦东鸡、溧阳鸡、文昌鸡、惠阳胡须鸡、河田鸡、边鸡、金阳丝毛鸡、静原鸡、瓢鸡、林甸鸡、怀乡鸡、鹿苑鸡、龙胜凤鸡、汶上芦花鸡、闽清毛脚鸡、长顺绿壳蛋鸡、拜城油鸡、双莲鸡、北京鸭、攸县麻鸭、连城白鸭、建昌鸭、金定鸭、绍兴鸭、莆田黑鸭、高邮鸭、缙云麻鸭、吉安红毛鸭、四川白鹅、伊犁鹅、狮头鹅、皖西白鹅、豁眼鹅、太湖鹅、兴国灰鹅、乌鬃鹅、浙东白鹅、钢鹅、溆浦鹅。

拓展三　兰州大尾羊保种与利用

兰州大尾羊属于中国绵羊四大品种中的长脂尾型，是清朝同治年间由陕西大荔一带引进的同羊与兰州当地蒙古羊杂交选育而成，中国16个著名地方品种之一，是适应兰州地区黄土丘陵沟壑地形环境的优良地方绵羊品种，具有耐粗饲、抗病能力强、饲料利用率高、适应性强、肉质鲜美等特点，尤以其尾大、脂肪充实而著称。

(一)兰州大尾羊生长环境与种质资源保护

兰州大尾羊主要分布在甘肃省兰州市七里河区、西固区、安宁区、红古区，榆中县也有少量分布。处于黄土高原北部、甘肃中部干旱地区西侧，大部分属黄土高原丘陵沟壑区，海拔1 500～3 000 m。近年来，由于人们对保种工作认识不足，政府重视不足加之引进品种的冲击等多方面原因导致兰州大尾羊的品种特征、特性混杂和退化，存栏数量急剧减少，保种工作刻不容缓。1981年兰州大尾羊存栏量为1.2万只，1986年为8 000只。1999年被国家列为濒临灭绝的遗传资源。兰州大尾羊灭绝频率为0.77，为北方11个绵羊品种之首，品种贡献率为10.52%，居于第三，保护潜力为0.141 9，居于第一。2006年6月，农业部确定兰州大尾羊为138个国家级畜禽遗传资源保护品种畜禽品种之一，因此保护兰州大尾羊这一宝贵的绵羊品种迫在眉睫。

（二）兰州大尾羊种质特性

1.品种特征

兰州大尾羊被毛纯白，头大小中等，公羊和母羊均无角，耳大略向前垂，眼大有神，眼圈为淡红色，鼻梁隆起；颈较长而粗，胸深而宽，胸深接近体高的1/2，肋骨开张良好；腰背平直，十字部微高于鬐甲部，臀部微倾斜；四肢相对较长，体型呈长方形；脂尾肥大，方圆平展，自然下垂，尾有中沟，将尾部分为左右对称的两半，尾尖外翻，并紧贴中沟，尾面着生被毛，内面光滑无毛，呈淡红色；公羊与母羊相比，不仅体型较大，而且骨骼发育比较快。

2.产肉性能

兰州大尾羊体格大，早期生长发育快，肉用性能好。10月龄羯羊胴体重21.34 kg、净肉重达15.04 kg、脂尾重2.46 kg、屠宰率58.57%、净肉率42.67%、脂尾重占体重的11.46%；成年羯羊上述指标相应为30.52 kg、22.37 kg、4.29 kg、62.66%、83.72%和13.23%。

3.产毛性能

兰州大尾羊春秋两季各剪毛1次，平均年剪毛量公羊为2.45 kg，母羊1.38 kg。兰州大尾羊被毛属混合型，毛纤维类型重量比率测定，公羊平均绒毛含量为67.21%、两型毛17.69%、粗毛4.44%、干死毛10.65%；母羊为绒毛64.95%、两型毛17.58%、干死毛17.47%。

4.繁殖性能

兰州大尾羊公羔9～10月龄可以交配，初配年龄为1岁半，繁殖终止期为8岁。适龄母羊一年产羔1次，饲养管理好的母羊可两年产3胎，产羔率为117.0%。

5.体尺指标

兰州大尾羊成年公羊平均体高、体长、胸围分别为(70.5±3.6) cm、(73.7±3.5) cm、(91.8±5.3) cm；成年母羊分别为(63.6±3.4) cm、(67.4±3.3) cm、(84.6±5.6) cm。

（三）兰州大尾羊种质资源现状

近几十年来，为满足人们对肉、奶等畜产品的需求，甘肃省相继引进了大量的外来高产羊品种对地方品种进行改良，使畜牧生产水平大幅提高，畜产品产量实现了数十倍的增长。但一些地方品种逐渐被培育品种或杂交后代所取代，致使不少畜禽地方品种群体数量急剧下降。随着羊品种改良工作的推进，兰州市杂种羊的比例每年以10%左右的速度递增，而兰州大尾羊的数量急剧下降，其基因与基因型正在杂化；其次，由于兰州具有“两山夹一沟”的地理特征，城市发展的地理空间有限而大量占用耕地，兰州大尾羊失去赖以生存的空间，种群数量急剧减少；再次，长期以来，兰州大尾羊以各个农户散养为主，产区农民有产出羔羊卖母羊、卖好留次的传统习惯，同时采用粗放、随意性的饲养方法，不重视科学饲养管理，不能采取有区别的饲喂不同生理阶段的羊只，造成饲料报酬低、生长慢、养殖周期长，不能实现优质优价，导致经济效益差，使养殖户积极性下降。现在在兰州大尾羊主产区有200只左右，而真正意义上的兰州大尾羊已所剩无几，原种数量锐减，其特有的生物学性状，尤其是抗逆优势正在显著减弱，抗病力明显下降，抵御外界环境干扰的能力也随之减弱。

（四）兰州大尾羊种质资源保护及综合开发利用

1.进一步查清品种资源

兰州大尾羊不仅是甘肃省宝贵的畜种资源，也是我国乃至世界优秀的种质资源之一。具有适应性强、抗逆性好、母性好、肉质好、尾脂沉积能力强、耐贫瘠、粗放饲养管理和性状遗传性稳定的特点。1980年10月，在兰州召开兰州大尾羊品种讨论会，认定兰州大尾羊为独立的肉脂型优良地方品种，初步研究了其外貌特征、产地及数量、生产性能。近年来也有少量关于种质测定、细胞水平、生化水平和分子水平的研究报道，但受多种因素影响，兰州大尾羊品种资源情况发生了巨大改变，种群数量锐减，当前应进一步弄清兰州大尾羊的种群分布、原种数量等种质资源状况，为研究制定和实施相关政策措施提供依据和参考。

2. 进行系统研究，制定相关标准

一是调研兰州大尾羊原种分布、数量和生产性能、生长发育规律；二是系统分析测定生理生化指标；三是系统研究其生殖生理及繁育性能、营养代谢特点、肌肉性状、品质与风味，并利用候选基因分析法从候选基因中筛选数量性状座位；同时运用染色体核型、DNA 指纹分析，从分子水平建立纯种兰州大尾羊的快速准确的鉴定方法；四是从形态标记、细胞标记、生化标记及分子标记多层次检测遗传资源多样性分析群体遗传结构。

3. 建立和健全兰州大尾羊遗传资源保护及利用管理体系

充分认识畜禽遗传资源对畜牧生产和可持续发展的基础作用，以及保种工作必须由政府部门组织实施的特点。

各级政府应把兰州大尾羊遗传资源保护纳入省、市、县的总体经济规划、生态与环境资源保护计划，成立权威性保种机构，设立专门的管理部门，并制定有利于保护利用的法律、法规。在不破坏生态环境和保存种质特有的基因和基因型的前提下积极探索保种育种新机制，按照市场经济要求建立社会化联合保种、育种机制，鼓励保种场和农户自愿联合，通过补贴养殖户回收优质畜种等方法，达到“农户搞饲养，保种场抓监督；农户搞扩繁，保种场抓选育”的联合生产形式。指导地方畜禽品种保护与开发工作，不断推动兰州大尾羊纯种选育和新品种开发，加大科学技术投入，提高兰州大尾羊保护与开发的整体水平。初步形成“科研单位＋合作社＋养殖小区＋农户”的兰州大尾羊养殖发展模式。建立完善的兰州大尾羊信息与监测网络，加强信息引导，强化宏观调控的重要手段(图 5-1)，及时指导市内兰州大尾羊生产及品种改良，合理调动配制各种资源，进一步扩大保种、育种面，有效地增加兰州大尾羊种群数量，加大兰州大尾羊保护力度。

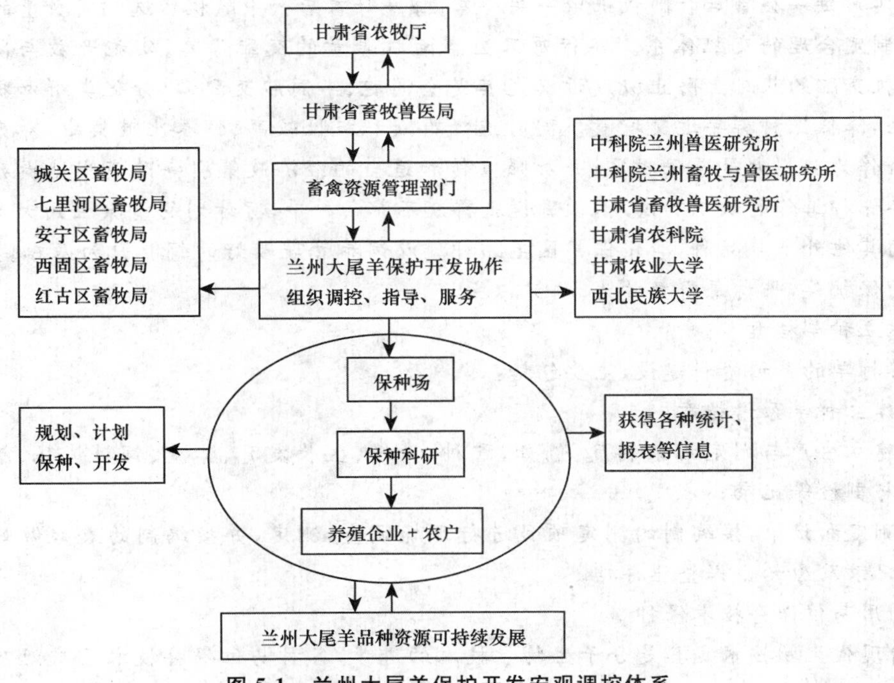

图 5-1 兰州大尾羊保护开发宏观调控体系

4.制订保种计划,分步建立保种群和保种基地

建立保种场,利用"群体品系育种法"进行提纯复壮,扩繁建系。采取的技术路线如图5-2所示。在此过程应注意:

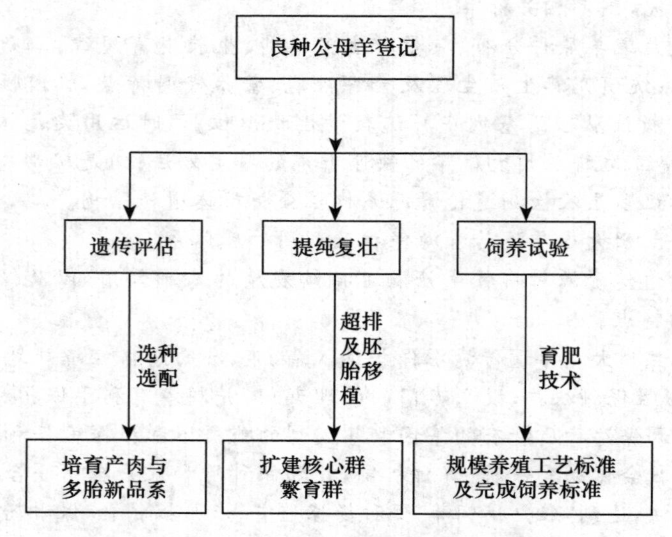

图 5-2 兰州大尾羊遗传资源保护技术路线

(1)确定保种数量。根据保种群在100年内近交系数不超过0.1的要求,羊的有效群体含量应该在200只以上,并且要保证有足够的公畜,以维持一定的性别比例。

(2)合理留种。为降低出现"瓶颈效应",最好实现各家系等量随机留种,即在每一世代留种时,实行每一公畜后代随机选留一头公畜,每一母畜后代中随机留选相同数量的母畜。

(3)制定合理的交配体系。实行每只公畜随机等量的交配母畜,实施开放与闭锁相结合,在随机交配的基础上防止极度近交尤其是全同胞、半同胞交配,以分化类群和提高系群的同质性,降低保种群年近交增量。同时选择群众积极性较高、饲养比较集中、养殖历史较长的地区作为兰州大尾羊保护区,并加强宣传和适当的经济政策引导改变当地养殖户对兰州大尾羊保种工作的认识和态度,教育说服群众不养杂种羊,有计划的清除兰州大尾羊核心保护区的其他外来羊品种,净化保护区羊品种。以饲养管理较好的饲养户为基础,建立100个左右的保护群,平均每群数量为50只以上。

5.建立种羊档案

完善种羊的系谱资料建设,主要包括:

(1)建立种羊系谱档案;

(2)建立生产与测定记录制度:例如,配种、产仔、生长发育、体重、饲料消耗、屠宰及肉质、临床与剖检等记录;

(3)测定和记录,按编制的测定项目进行现场调查、测定,并按编制的表格做好现场调查、测定记录及原始数据整理存档。

6.利用易位保存技术保种

随着现代生物技术尤其是分子生物学技术的进步,各种易位保存技术已广泛应用到禽畜遗传资源保存中,在上述原位保种的基础上,利用易位保存技术保护兰州大尾羊遗传资

源。如配子、胚胎等的冷冻保存是目前研究最多、容易掌握、经济上可行的一种易位保种方法。建立兰州大尾羊的精细胞冷冻库、卵细胞冷冻库、胚胎冷冻库并保证足够的供体和数量，同时选择2个以上的冷冻贮存地点以保证其安全性。遗传信息的保存也可以通过保存其他遗传材料(如基因组DNA、卵母细胞、精原细胞等)来实现。如2007年西北民族大学与甘肃农业大学联合在临洮县建立了兰州大尾羊繁育场，利用高校科研优势，在建立兰州大尾羊纯种保护群的基础上，开展了兰州大尾羊肝脏、皮肤、睾丸、脂肪、肌肉5种组织cDNA文库的建立工作，以期实现兰州大尾羊生物技术的保种；2010年，全国畜牧总站畜禽种质资源中心与西北民族大学、兰州市畜牧兽医研究所意向性地进行合作，计划开展细胞保存(冷冻精液、冷冻胚胎、组织细胞)技术研究，以实施兰州大尾羊的保种工作。

7. 综合开发利用，巩固保种成果

兰州大尾羊不仅适应当地的自然生态条件及饲养管理模式，还具有产肉性能高、耐粗饲、饲料转化率高等优势，可直接用于肉产品的生产。但原有的饲养管理模式，不利于其参加市场竞争，所以在原有的饲养管理模式的基础上，通过龙头企业联合农户集体应对市场，一方面指导或示范农户进行科学生产，充分利用农区农作物秸秆，降低饲养成本的基础上，获得较高的经济效益；另一方面进行产品深度加工，注册“兰州大尾羊”商标，形成品牌，实现优质优价，在提高抵御市场风险的能力的同时也提高了养殖效益，进一步提高农户养殖积极性，形成良性循环，巩固保种成果。

在保种工作的基础上，一方面，作为杂交优势利用的原始材料。比如利用兰州大尾羊肉质细嫩、生长快、产仔率低，小尾寒羊产仔率高、母羊哺乳性弱，萨福克羊哺乳性好、产仔率低的特性，进行“兰×小×萨”的三元杂交模式，提高其产仔率、成活率；或利用无角陶赛特羊适应性广、生长发育快，夏洛莱羊早熟、多羔、泌乳性能好、增重快、体型佳、胴体质量高的特性，进行“兰×小×陶”、“兰×小×夏”的杂交模式，提高其生长速度和羊肉品质等。但必须注意保持原种的连续性，不能无计划杂交。另一方面，作为培育新品种的原始材料。利用兰州大尾羊与外来品种杂交，进行系统选育，育成对当地自然条件和饲养管理模式具有良好适应性的新品种。此外还应该加强组织领导，争取多方资金投入建设保种基础设施；建立健全有利于兰州大尾羊遗传资源保护和利用的法律、法规和措施。

【知识链接】

1. GB/T 27534.2—2011 畜禽遗传资源调查技术规范 第2部分：猪
2. GB/T 27534.3—2011 畜禽遗传资源调查技术规范 第3部分：牛
3. GB/T 27534.4—2011 畜禽遗传资源调查技术规范 第4部分：绵羊
4. GB/T 27534.5—2011 畜禽遗传资源调查技术规范 第5部分：山羊
5. GB/T 27534.9—2011 畜禽遗传资源调查技术规范 第9部分：家禽

Project 6

畜禽品种与品系的培育

>> **学习目标**

了解和掌握本品种培育、品系繁育、杂交育种等品种与品系培育方法。

【学习内容】

动物育种的目的是改进畜禽种质，从而提高畜禽产品的数量和质量，并不断增加畜牧业生产的经济效益。动物育种工作的主要内容包括选育提高现有畜禽品种，培育高产优质新品种、新品系，保护和利用畜禽品种资源，开展杂交改良和杂种优势利用等方面。

畜牧业生产现代化首先必须是畜禽品种良种化。在畜牧生产中，畜产品的数量、质量和经济效益三个指标与畜禽种质有着密切的关系。实践证明，一头优秀种公牛，通过人工授精方法，可以生产成千上万头高产女儿，如荷斯坦奶牛群体平均年产乳量可达 9 000 kg 以上，高产个体甚至可达 20 000 kg 以上，而本地黄牛年产乳量只有 400 kg 左右。1940 年，肉鸡饲养到出栏需 12 周，体重 1.6 kg，如今只需 6 周，出栏体重达 2 kg 以上，料肉比由 3.5∶1 下降到 1.7∶1。一只细毛羊年产毛 4～5 kg，高的可达 20 kg，而一只粗毛羊年产毛量只有 1～1.5 kg。产量与效率的提高除营养和管理因素外，种质因素起到了决定性作用。

通过开展动物育种工作，可以扩大优秀种畜使用面，提高良种覆盖率，进而使畜禽群体不断得到改良。通过育种工作，培育杂交配套系，选择配合力好的杂交组合，可以充分利用杂种优势，生产量多质优的畜禽产品，提高经济效益。

任务一　本品种选育

一、本品种选育的意义和作用

本品种选育指在本品种内部通过选种选配、品系繁育、改善培育条件等措施，以提高品种性能的一种方法。一些古老品种，在特定的自然选择和人工选择的长期作用下，已经形成了稳定的遗传性，能够将其优良性状稳定地遗传给后代。本品种选育的目的，不仅要保持这些优良特性、特点及生产性能，而且还要在此基础上进一步发展和提高，使之更适合于国民经济和市场的需要。

本品种选育的基础在于品种内存在差异。品种内存在异质性，也可以说是遗传多样性，为本品种选育，即不断选优提纯，全面提高品种的质量提供了素材和可能性。本品种选育的目的就是保持和发展一个品种的优良特性，增加品种内优良个体的比例，克服该品种的缺点，提高整个品种的质量。

本品种选育一般包括地方良种的选育和培育品种（包括引进良种）的选育，广泛用于地方良种、新品种、育成品种的保纯和改良提高。一般在一个品种的生产性能基本上能满足国民经济需要，不必作重大方向性改变时使用。如国内地方优良品种秦川牛、小尾寒羊、太湖猪、湖羊等，都可采取本品种选育的方法。我国从国外引进的大量畜禽优良品种，以及通过杂交育种培育出的新品种，也需要进行本品种选育，以便保持和不断提高其生产性能和适应性。如我国培育的第一个细毛羊新品种——新疆细毛羊，1954 年该品种育成时，成年公羊平均剪毛量为 7.3 kg，毛长为 7.0 cm。成年母羊平均剪毛量为 3.9 kg，毛长为 6.8 cm。经过 40 多年的选育，到 1999 年，成年公羊平均剪毛量达到 12.8 kg，毛长 11.3 cm。成年母羊平均剪毛量为 7.3 kg，毛长为 9.0 cm。选育的结果是平均剪毛量提高 47%～61%，毛长提高 20.3%～45.8%。

二、本品种选育的基本措施

根据品种的选育程度，将本品种选育大体分为 3 类：第一类是选育程度较高，类型整齐，生产性能突出的良种；第二类是选育程度较低，群体类型不一，性状不纯，生产性能中等，但具有某些突出经济用途的地方品种；第三类是导入外血培育成的新品种，但其遗传性还不稳定，后代有分离现象，有待进一步选育。本品种选育的基本措施如下：

1. 建立选育机构，确定选育目标

畜禽品种的选育是集技术、组织管理为一体的系统工程，具有长期性、综合性、群众性的特点，因此必须要加强领导。成立育种领导小组，组织科研院所、大专院校、生产场站协作，共同做好本品种选育工作。选育机构成立后，相关专家首先要根据国民经济发展的需要，结合当地的自然条件和社会经济条件，以及原品种具有的优良特性和缺点综合确定选育目标后，制订科学合理的选育方案，指导和协调整个选育工作。

2. 划定选育基地，建立良种繁育体系

在地方良种的主产区，应划定良种选育基地，建立完善的良种繁育体系。良种繁育体系由专业育种场、良种繁殖场和一般繁殖饲养场 3 级场组成。专业育种场的主要任务是集中进行本品种选育工作，培育大量优良种畜。良种繁殖场的主要职责是扩大繁育良种数量，供应一般繁殖饲养场合格种畜。一般饲养场主要是饲养商品畜禽。

3. 健全生产性能测定和严格选种选配

在选育过程中，一项重要的技术措施就是定期进行生产性能测定。要拟定简易可行的良种鉴定标准和办法，实行专业选育与群众选育相结合，不断精选育种群和扩大繁殖群。育种场必须固定技术人员定期按全国统一的技术规定，及时、准确地做好性能测定，建立健全种畜档案，并实行良种登记制度。做好选种选配，加大公畜的选择强度，正确使用近交。

4. 科学饲养与合理培育

任何畜禽品种都是在特定自然环境和社会经济条件下形成的，适宜的饲养条件和科学的管理是充分发挥畜禽生产性能的前提。因此，在本品种选育过程中，各级育种场应创造适宜该品种生长发育的环境条件，科学管理，合理饲养，这样才能使良种有好的表现。

5. 开展品系繁育

在本品种选育过程中，积极创造条件，开展品系繁育，有利于品种的全面提高。一般来说，地方良种由于地理和血缘上的隔离，往往形成了若干不同类型，这为品系繁育提供了有利条件。

6. 适当导入外血

如采用上述选育措施进展不大，还不能有效地克服一个品种的个别严重缺陷时，则可考虑采用引入杂交。引入杂交时引入的外血量应控制在 1/8～1/4，这样基本上没有改变本品种的特性，所以仍属于本品种选育的范畴。

三、引入品种的选育措施

1. 集中饲养

引入品种的种畜应相对集中饲养，建立育种场，开展风土驯化和选育工作，一般在良种

群中要经常保持50头以上的母畜和3头以上的公畜,才不致由于其近交系数增长过快而引起近交衰退。要制订并严格执行选配制度,保证出场种畜的等级质量。

2.慎重过渡

对引入品种要采用慎重过渡的饲养管理办法,尽量创造有利于引入品种性能发展的饲养管理条件,进行科学饲养。同时,逐步加强适应性锻炼,提高适应当地自然气候、饲料特点及抗逆性。

3.逐步推广

在集中饲养过程中要详细观察引入品种特性,研究其生长、繁殖、采食习性和生理反应对方面的特点,为饲养和繁殖提供必要的依据。在摸清引入品种的特性后,逐步推广到生产单位饲养。

4.开展品系繁育

品系繁育是引入品种选育的重要措施。通过品系繁育除可达到一般目的外,还可改进引入品种的某些缺点,使其更符合引入地的需求;通过系间交流种畜,防止过度近交;综合不同品系的特点,建立适合自己的综合品系。

任务二 品系培育

一、品系的概念

品系指一群具有共同特征特性,并能将其共同特征特性相对稳定地遗传给后代的种畜群。品系的概念随着畜禽业的发展而发展,随着科学的进展而不断延伸和扩展。

1.狭义的品系

传统狭义的品系指来源于同一头优秀种公畜(又称系祖)的后代畜群,通常多指"单系"。

2.广义的品系

现代广义的品系指一群具有共同突出优点的种畜群,该种畜群能将其共同突出优点相对稳定地遗传给后代。

二、品系的作用

1.促进新品种的育成

在新品种培育工作中,最重要的一项工作就是在新培育的品种内部建立各具特色的品系,以丰富新品种的结构和特色、促进新品种的育成、提高新品种的种质和各项性能。

2.丰富品种内部结构

在品种内部建立各具特色的品系,才能完善品种的内部结构,使品种基因库的遗传资源更加丰富、品种内主要优良特色性状更为突出。

3.加快种畜群的遗传进展和改良

在家畜选育工作中,只有在品种内部建立各具特色的品系,才能加快畜群的遗传进展,加大品种改良，提高群体水平。

4.进行品系的开发利用

建立各具特色的品系后，有利于系间杂交和开发利用（特别是配套系），有利于有计划地、科学地、可持续地、最大限度地获取杂种优势，从而为人类创造更多的畜产品，为企业创造更大的经济效益。

三、品系的类别

1.单系

这种品系的形成是以一头理想的优秀祖先为中心，以它为理想型标准选留后代，采用近交，巩固该祖先的优良性状，扩大理想型个体数量，从而使原来仅为个体所特有的优良品质转变为群体所共有。这种由一头优秀祖先形成的具有突出优点的有亲缘关系的畜群，称为单系。单系一般用系祖的名号来命名。

由于以一两项突出的生产性能或体型外貌为标志，单系形成快，特点明显且比较稳定，遗传优势较强，育种价值较高。但以后由于过分注重血统，强调优秀祖先的作用，忽视了性状，对品种的改良产生了不利影响。

2.群系

选择具有共同优秀性状的个体组群，通过闭锁繁育，迅速集中优秀基因，形成群体稳定的特性。这样形成的品系称为群系，也就是多系祖品系。与单系比较，群系不仅使建系过程大大缩短，品系规模扩大，且有可能使原分散的优秀基因在后代集中，从而使群体品质超出任何一个系祖。

3.近交系

连续进行同胞交配，畜群平均近交系数在37.5%以上，这样形成的品系称为近交系。由于高度近交，衰退严重，淘汰率特别高，以致建系成本过高，经济效益不显著，因而未能普及。

4.专门化品系

具有某方面突出的优点，专门用于某一配套杂交的品系。可分为专门化父本品系和专门化母本品系。例如：在肉畜中既要建立繁殖性能高的母本品系，也要建立育肥和屠宰性能好的父本品系，二者杂交后，杂种优势比一般品种间杂交效果明显。

5.合成系

以两个或两个以上的品系，通过杂交建立的品系。这种综合了若干品系优良特点而形成的种畜群叫合成系。合成系生产性能较高，重点突出经济性状，不追求外形的一致，育成快，用于特定品系配套杂交，后代具有明显的杂种优势。如四系配套的荷兰海波尔猪，加拿大的星杂579鸡等，它们的父系和母系都是合成系。这些以专门化品系、配套杂交产生的具有高产性能、品质整齐均匀的杂种称为“杂优畜禽”。

6.地方品系

同一家畜品种，由于分布在相对不同的自然条件和饲养管理条件以及社会经济条件里，人们对家畜的要求有所区别，因而对种畜的选留标准亦有些不同，从而形成了一些具有不同特点的地方类群。这种在同一品种内经长期选育而形成的具有不同特点的地方类群称为地方品系。例如：我国著名的地方猪种太湖猪有二花脸猪、梅山猪、枫泾猪、横泾猪、嘉兴黑猪、沙乌头猪、米猪 7 个地方品系。

从国外引入的品种，通常按输入国分系，例如：荷斯坦奶牛有荷系、日系、美系、加系。这种分系不能与地方品系完全等同对待。因为一个畜种，由于所在国的环境、选育要求和方法不同，往往会形成差异明显的不同类型。例如，美系荷斯坦奶牛发展成乳用型，而荷系荷斯坦奶牛则已偏向乳肉兼用型。由此可见，不同输入国的品系，它们之间的差异有些已超过一般地方品系。

四、品系培育的条件

1. 建系的数量

动物群体很小是无法进行品系繁育的。一般认为一个品种至少要有 3 个以上的品系，每个品系应有 8～20 个家系，每个家系应有 30 只母畜和 5 只以上的公畜，不过因畜种不同和饲养条件上的差异，上述数量可以视具体情况有适当的增减。

2. 畜禽的质量

品系繁育的目的，是提高和改进现有品种的生产性能、充分利用品系间不同的遗传潜力来产生杂种优势。所以，每个品系的综合性能一般都要比原品种优越，而且各自都有自身的遗传特征。如果畜群中有个别出类拔萃的公畜和母畜，就可以采用系祖建系法建系。如果优秀性状分散在不同个体身上，还可以用近交建系或群体继代建系法来建系。

3. 饲养管理条件

品系繁育的目标能否按期实现，种畜的饲养管理水平也很重要。例如，舍饲家畜的饲料配方与饲喂方法，环境卫生是否能保证种畜的正常发育和配种繁殖；放牧家畜如何组群，怎样实现配种方案，如何选择种畜和记录系谱资料等。

4. 技术与设备

品系繁育过程涉及动物生产过程中的各个环节，要求有统一的组织协调，完整而严密的技术配合，还应有必需的仪器设备等。

五、品系培育的方法

(一)系祖建系

自 20 世纪以来，人们在畜群中发现个别特别优秀的种畜(尤其是种公畜)后，都希望将该优秀种公畜的优良性状保留下来并传递给后代，且能在群内得以扩大。于是就以该优秀种公畜为中心，大量繁殖后代，使得该优秀种公畜的优良性状传给后代和在群内快速扩大。人们就将以某头优秀种公畜为中心繁殖的一群后代称为单系，而将该优秀种公畜称为系祖，将这种以某头优秀种公畜为中心大量繁殖后代的方法称为系祖建系法。

例如：江苏农林职业技术学院小梅山猪保种场的 631 单系：该系在当初组群时，是用一头优秀种公猪(631 号)为系祖，与 7 头母猪组成一个家系，大量繁殖后代而建立起来的高产猪群。

单系的优点为建系速度快，特点明显，目标集中，育种价值较高。低遗传力性状更适宜于建立单系。缺点为血统太窄、遗传资源较为贫乏，且易被迫近交而出现明显的近交衰退现象。

(二)近交建系

1.组建基础群

首先要考虑数量与质量的要求。由于高度近交中易出现衰退形象,需大量淘汰不良个体,所以建立近交系时必须有大量的原始材料,以数量多来弥补这方面的缺点。一般要求母畜越多越好,公畜数量则不宜过多,以免近交后群体中出现的纯合体类型过多,而影响近交系的建成。组建基础群的个体不仅要求优秀,而且要求它们是同质的,即性状的表现基本相同,不应有大的缺点,没有遗传缺陷。因此,选择优良的公母畜为基础群是建立近交系的重要条件。

2.实行高度近交

在建立近交系时,通常采用全同胞交配、半同胞交配或亲子交配等近亲繁殖方式。在实际运用近交时,既要考虑亲本个体品质的优秀程度和基因纯化程度,也要注意配偶间的关系。应分析上一代的近交效果来决定下一代的选配方式。如果近交后效果很好,即后代品质比上一代好,则要继续应用同一选配方式,以迅速巩固其优良品质。

3.开展配合力测定

近交系间杂交时,只有极少数(2%~4%)近交系间具有较好的配合力。因此,在近交建系进行到第三代以后遗传性(基因)逐渐趋于纯合,此时就应作近交系间杂交组合配合力测定,一旦找到配合力强的近交系时,就应放慢近交速度,采用温和的近亲交配,把重点放在扩群保系上,以便日后发挥近交系杂交的作用。

猪、鸡育种方面,可以采用近交建系法。实践证明,建立近交系会由于高度近交而导致严重的后果,如母猪繁殖性能大幅下降,死胎、畸形大量发生;鸡产蛋量严重下降,生活力严重衰退。近交系造成的经济损失相当严重,所以全世界畜禽近交系多归于失败。

例如:20 世纪美国曾建立了 100 多个猪近交系、英国曾建立了 146 个大约克夏猪近交系,这些近交系因高度近交造成的近交衰退极为严重(产仔数严重下降、死胎、畸形增多、鼠蹊疝和血友病等遗传疾病增多),最终被迫中止。

(三)群体继代选育法

由一群优秀公母畜组成基础群体,通过闭锁繁育,将基础群中分散的优秀性状快速集中,形成群体共有的稳定性状,称为群系。

1.选择基础群

由于基础群一旦组建起来后,就实行封闭繁育,中途不再引进外血,所以,基础群应满足以下条件。

(1)基础群个体质量要好。

(2)基础群要有一定的数量。如基础群猪不少于 10 ♂、100♀组成零世代;鸡的基础群不少于 200 ♂、1 000♀组成零世代。公畜禽的数量决不能少,以免血统太窄、近交系数上升太快。

(3)遗传资源要宽广。基础群要来自同一品种,但互相之间没有亲缘关系,这样的基础群遗传资源才较为宽广。总之,基础群的好坏直接关系到将来该品系的质量,要十分注重基础群的选择与组群。

2.闭锁繁育

基础群建好后,立即进行闭锁繁育,不再引入外血。以猪为例:

(1)随机交配。10头公猪和100头母猪组成的基础群,以公猪划分就是10个家系,每个家系公母比为1♂:10♀。如实行家系内部交配,则下一代母猪就不能再用该公猪交配,避免父女交配,应调配其他公猪与之进行交配;如10♂和100♀实行抽签随机交配,如抽到全同胞或父女签则重抽。在随机交配过程中,一定要做好档案记录工作。

(2)实行"断代繁育"。当一世代猪出生长大后,一旦投产,则立即将零世代淘汰;当二世代猪出生长大后,一旦二世代投产,则立即将一世代淘汰。依此类推。

(3)缩短世代间隔,实行一年一世代。

3.严格选留

在严格选留时,应主要抓住如下几个关键技术措施。

(1)采用家系选择法,实行家系等量留种。

(2)各个世代营养水平等环境因子力求一致,以便提高选种准确性。

(3)控制近交系数增量,每个世代近交系数增量严格控制在2%~3%。

(4)加大选择强度,提高世代遗传改进量(要多留、精选)。

(5)拟经五六个世代群系基本育成。

要有效抑制群内近交系数的过快增加。采用多父本随机交配有效促进群内基因重组,使分散在各头家畜身上的优良性状逐步汇集到后代身上,从而快速提高畜群质量,加速畜群的遗传进展。

(四)专门化品系的建立与培育

1.确定专门化父系和专门化母系的主目标性状

将家畜的一些主要性状,分别由作父本用的父系和作母本用的母系来承担。由于这种品系不但特点鲜明,而且在培育时就已明确规定其将来专门作为父系或专门作为母系,所以称为专门化品系。专门化品系在鸡和猪选育及生产开发中应用最为广泛,特别是在蛋、肉鸡生产中技术成熟、效益显著。近几年我国草鸡专门化品系也备受重视,并得到了长足的发展。以猪、鸡专门化品系的主目标性状选育为例如下。

(1)猪专门化品系的主目标性状

①猪专门化父系的主目标性状。肥育性状、胴体性状、雄性机能,兼顾繁殖性状、体形外貌及强健性。

②猪专门化母系的主目标性状。繁殖性状,兼顾生长速度、体形外貌及强健性。

(2)蛋鸡专门化品系的主目标性状

①两系配套(A系×B系)。父系的选育侧重于产蛋数;母系的选育侧重于蛋重(因为蛋重有很强的母体效应,所以应作为母系的主选性状);这样A系和B系组成配套系,杂种优势大,生产的商品代母鸡不但产蛋多,而且蛋重大。

②三系配套[A系(B系×C系)]。第一父系(B系)侧重于产蛋数和蛋重两个性状的选择,该两性状间是负相关,所以二者不能偏向任一方,要兼顾,建系中可以将产蛋总重量作为主选性状;第二父系(A系)侧重于产蛋数的选择;母系(C系)侧重于蛋重的选择。

③四系配套(A系×B系)×(C系×D系)。A系和B系侧重于产蛋数的选择;C系侧重于产蛋数和蛋重的选择,两性状同时兼顾;D系侧重于蛋重的选择。

(3)肉鸡专门化品系的主目标性状

①专门化父系选育的主目标性状。一般有早期增重速度(体重)、配种繁殖能力、产肉率、饲料转化率四大性状。有的肉鸡专门化父系还强调体形外貌(如胸角度、龙骨、脚趾)等。

②母系选育主目标性状。一般有早期增重速度(体重)、产蛋性状、胸部发育和腿部结实度四大性状。

由上可见,父系和母系都选择早期增重速度(体重),其目的是使杂交所得的商品肉用仔鸡早期以最快的速度增重。另外,父系侧重于产肉性状和饲料利用率性状,母系侧重于繁殖性能的产蛋性状。

2.专门化品系基础畜群的组建

基础群的组建对于品系选育尤为关键,关系到将来品系的成败。

基础群中较多的血统可以提供更多的选择空间和产生优良后代的机会,而优秀性能的个体可以对提高群体水平做出更多的贡献。所以基础群的血统要较宽广。

3.制订主目标性状的技术指标

专门化父系和专门化母系的选育目标确定后,还应根据种群活体基因库的遗传资源现状,正确制订确实可行的主目标性状选育指标。

4.主目标性状的测定与评估

根据各主目标性状的选育指标和测定阶段及技术要求,准确测定和评估各主目标性状选育指标的可行性、有效性等。

5.实行独特的选配制度

从宏观交配制度来说,宜实行随机交配(但避免同胞或父女交配,以免近交系数过快增加)制度;同时在建系策划中,要明确规定各世代近交增量和年近交增量。

6.提供稳定的饲养管理等培育条件

猪的数量性状表型值受饲养管理等培育条件影响极大,在品系培育过程中,应长期全程提供稳定的饲养管理等培育条件(必要时应在策划书中予以具体规定)。

7.配合力测定

若干个专门化父系和专门化母系建成后,还需进行配合力测定,即在专门化父系和专门化母系间进行系间杂交测定,分别测定不同杂交组合的杂种优势率,从中选出杂种优势大的最佳组合作为配套系。

(五)配套系生产

培育各具特色的专门化父系和专门化母系,然后进行系间杂交,可生产出具有极大杂种优势的商品蛋鸡、商品肉用仔鸡及商品肉猪、肉牛、肉羊等畜禽。

1.我国蛋、肉鸡配套系生产

我国蛋鸡生产所用的商品蛋鸡,多是从国外引进的A、B、C、D四个系组成的配套系,在我国建立祖代场和父母代场,然后四系双杂交生产杂种优势极大的商品代蛋鸡(图6-1)。如法国的伊沙褐、德国的罗曼褐、美国的海兰白(褐)商品蛋鸡在我国已广泛饲养,具有产蛋量高、蛋重大、饲料利用率高、成活率高等优点,深受我国广大养鸡企业的欢迎。

我国肉鸡生产中所用的商品肉鸡,也多是从国外引进的配套系,在我国各地建立祖代场和父母代场,再配套杂交生产杂种优势极大的商品代肉仔鸡。如在我国广泛饲养的艾维茵、爱拔益加(AA)肉鸡,就是美国培育的优良四系配套肉鸡种。

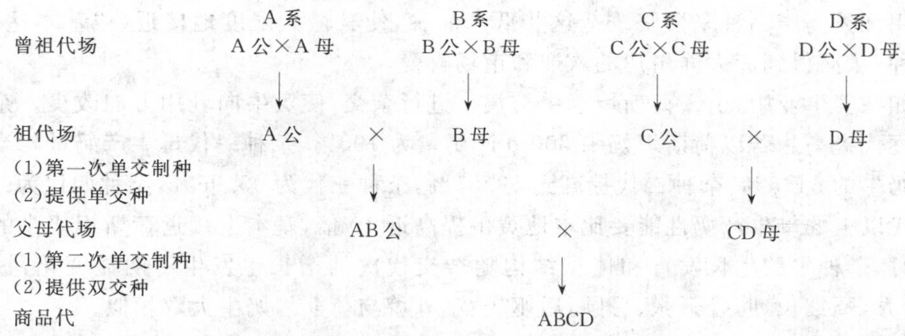

注：曾祖代场多在国外；我国多从国外引进祖代种鸡，回国办祖代种鸡场，进而制种产生父母代和商品代。

图 6-1 四系配套双杂交模式图

2.我国草鸡配套系生产

随着人们生活水平的提高，人们开始重新怀念肉味香嫩可口的草鸡，使我国地方草鸡起死回生。现代专门化品系技术和配套系生产也引入我国草鸡产业，如安徽某公司培育出“高产、快大、节粮”的皖南黄麻青脚鸡配套系。该配套系由两个系组成，专门化父系——青麻A系；专门化母系——青麻D系。

3.我国猪配套系生产

如我国河北衡水京安集团与斯格遗传技术公司合资建立了世界上第七、亚洲第一个核心群选育场，引进国外斯格36、12、15、23、33等5个专门化品系，进行配套系生产。

我国是养猪大国，也是猪肉消费大国。我国必须自己培育猪专门化品系，走符合我国国情的猪配套系生产之路。如1998年我国首次诞生了我国自己的两个配套系，光明猪配套系和深农猪配套系，揭开了我国猪配套系的序幕。进入21世纪，我国又培育了冀合白猪配套系、中育猪配套系、华农温氏猪配套系、滇撒配套系、鲁农1号猪配套系等。

任务三 杂交育种

杂交育种是培育畜禽新品种的重要途径，在国内外都普遍采用。杂交育种是运用杂交将两个或两个以上的品种特性结合在一起，创造出新的品种。杂交育种方法主要有级进杂交、导入杂交和育成杂交等三种方法。

一、级进杂交

1.级进杂交的概念

级进杂交又称为改造杂交，是利用某个优秀高产品种来彻底改造另一个低产品种的一种杂交育种方法。

2.级进杂交的应用

我国是世界上畜禽品种最多的国家，但我国很多地方畜禽品种的品质及性能较差，特别是已不适应现代社会对畜产品的主流消费。这些群众不养、市场不要的品种，已面临淘汰或濒危。用优秀高产品种来彻底改造这些低产品种，使其最大限度地接近（或基本达到）优秀高产品种，从而得到广大养殖户的欢迎和市场喜爱。

例如在养牛业中，引入荷斯坦奶牛与黄牛进行杂交，使黄牛向乳用方向改良。杂种牛的产奶量逐代提高。若以荷斯坦奶牛300 d产奶量为100%，杂种一代母牛产奶量相当于同期荷斯坦奶牛的54.6%，杂种二代提高到59.51%，杂种三代为95.96%，杂种四代为96.26%。杂种四代以上的母牛产奶性能要比本地黄牛提高近10倍，基本上接近荷斯坦奶牛的生产水平。同时，杂种牛的生长发育和体型结构随杂交代次的增长也发生了明显变化，被毛黑白花，头清秀，颈细长，肋骨开张、弓圆，后躯较宽，外貌与荷斯坦奶牛大致相似。

引入西门塔尔牛与黄牛进行杂交，使黄牛向肉乳兼用方向改良，其改良效果也很显著。杂种三代、四代牛无论体型外貌还是生产性能都与纯种西门达尔相差无几。

3. 级进杂交方法

（1）用优秀高产品种的公畜与被改造的低产品种的母畜杂交，所生 F_1 母畜进行选留。

（2）用 F_1 留种母畜与优秀高产品种的另一头公畜交配（以免近交），所生 F_2 母畜进行选留。

（3）F_2 留种母畜继续与优秀高产品种的公畜交配。这样一代一代地杂交，直至杂种接近（或基本达到）优秀高产品种生产水平时，再横交固定和自群繁育（图6-2）。

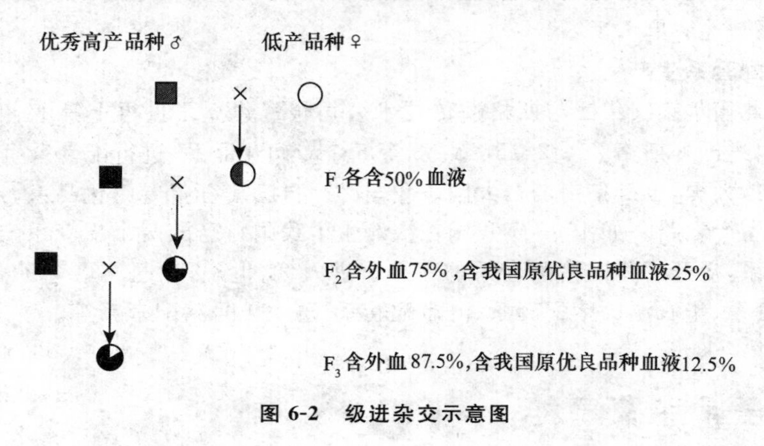

图6-2　级进杂交示意图

如 F_3 接近（或基本达到）优秀高产品种的生产水平时，则可进入横交固定和自群繁育阶段。

4. 级进杂交应注意的事项

（1）明确改良的具体目标。进行级进杂交前，首先必须有明确的目标和指标，应慎重考虑并细致地订出计划。

（2）选择适合的改良品种。级进杂交的结果与选择的改良品种的遗传特性直接相关。必须选择符合育种要求，具有高产性能，适应当地自然经济条件，而且遗传性稳定的优良品种。

（3）加强选择和培育。随着杂交代数的增加，杂种生产性能愈接近改良品种，对培育条件要求愈高。因此，要积极改善饲养管理条件，同时对杂种加强适应性选择，才能提高育种效果。

二、导入杂交

1. 导入杂交的概念

导入杂交又称为引入杂交，指在保留原有品种基本特性的前提下，导入（引入）少量其他优秀品种血液来改良原有品种的某些缺点的一种杂交育种方法。

2.导入杂交的应用

导入杂交多用于我国原有品种是优良品种，且具有独特的优点（如猪产仔多、肉质好等），但存在某些缺点（如猪瘦肉率低）时。为了保持我国原优良品种的优点，克服我国原优良品种的某些缺点，需要适当引入（导入）少量外血（如国外优秀品种），来改良我国该优良品种的相应缺点，使该优良品种更加优秀和全面。

新中国成立以后，我国曾对各种畜禽进行过大规模的杂交改良或杂交培育新品种，并取得了重大突破和较大成效。特别是在我国地方猪、鸡、奶牛、肉牛及羊的杂交改良上成绩卓著，且在杂交育种的方法上较多地采用了导入杂交的育种方法。

例如东北细毛羊引入斯达夫细毛羊血液，含25%外血的杂种羊比同龄东北细毛羊毛长提高1 cm(10%)以上，剪毛量提高0.37 kg；狼山鸡引入澳洲黑鸡血液，用含25%澳血的杂种进行横交，其后代产蛋量由172.3个提高为191个，蛋重由54.2 g增加为57.2 g，体重由2.85 kg提高为3.01 kg，开产日龄由234 d缩短为206 d。

3.导入杂交方法

采用导入杂交（引入杂交）时，导入的外血一般不超过12.5%。

以下为导入杂交的主要步骤。

(1)用我国原优良品种的母畜与引入的优秀品种（多是国外著名品种）杂交。这样杂种一代(F_1)含外血50%，含我国原优良品种血液50%。

(2)F_1母畜经过选种，留种的母畜再与我国原优良品种的另一头公畜交配（回交），所生F_2含外血25%，含我国原优良品种血液75%。

(3)F_2母畜经过选种，留种的母畜再与我国原优良品种的公畜交配（回交），所生F_3含外血12.5%，含我国原优良品种血液87.5%。如果此时感到F_3已较为理想，则采用F_3横交，即F_3♂与F_3♀自群繁育，结合选种即可选育出既保留了我国原优良品种大部分特征特性，又改进了我国原优良品种某些性状或克服某些缺点的新品种（图6-3）。

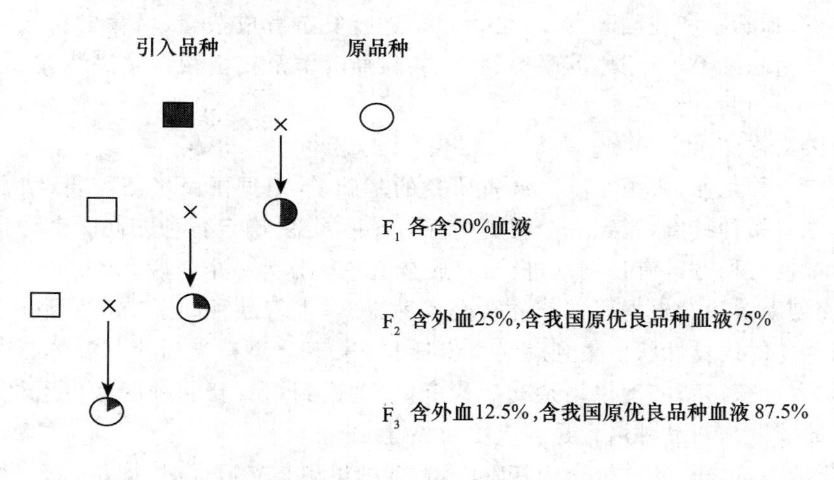

图6-3　导入杂交示意图

4.导入杂交应注意的事项

(1)慎重选择引入品种。引入品种的生产方向,应与原有品种基本相同,但又具有针对其缺点的显著优点。这样才能既保证其优良品质又改掉其缺陷,从而得到提高。

(2)应先进行小规模杂交试验。如果小规模杂交试验取得明显效果,就可以全面开展引入杂交育种工作。否则,应重新引入其他品种,再进行杂交试验。

(3)加强对杂种的选择和培育。引入杂交育种成功的关键在于对杂种后代的细致选择和合理培育。否则,引入品种的优点会随着回交代数的增加而逐渐消失。

三、育成杂交

1.育成杂交的概念

用两个或两个以上的品种杂交以育成新品种的方法叫育成杂交。

2.育成杂交的应用

(1)新品种培育的背景条件。①我国有些地方品种生产性能低下,既不适于用导入杂交进行改良,也不适于用级进杂交进行改造时,往往可采用育成杂交,即用该低产品种与其他一个或多个高产品种进行杂交,以重新培育一个新的品种。②该地区原来的地方品种已基本灭绝,或都已与其他品种无计划地杂交,杂种或乱交种普遍分布在该区域。此时则可在这些杂种的基础上,进行横交固定、提纯、选择、选育,进而培育一个新的品种。

在制订和预测上述新品种培育方案时,要考虑到将来培育出的新品种必须比原当地品种及其杂种生产性能要高,这样培育的新品种才有必要和现实意义。

(2)新品种培育的分类。在育种和生产中,新品种培育类型较为复杂。根据参加杂交品种的数量,可分为两大类:①简单育成杂交。即用两个品种进行杂交来培育新的品种。如草原红牛是用短角牛和蒙古牛杂交培育而成的;苏太猪是用杜洛克与太湖猪杂交培育而成的。②复杂育成杂交。即用3个及3个从上的品种进行杂交来培育的新品种。如我国用原苏联泊列考斯羊、高加索羊和我国蒙古羊、哈萨克羊进行复杂育成杂交,培育出我国第一个细毛羊新品种——新疆细毛羊;用原苏联美利奴羊、高加索羊及我国蒙古羊进行三品种杂交,培育出新品种——内蒙古细毛羊。

3.育成杂交方法

开展杂交育种工作,必须在全面调查研究的基础上,根据国民经济需要,结合当地自然经济条件和原有品种特点,制定一个切实可行的育种方案,确定育种方向。育种指标和育种措施,然后,根据育种方案有计划地进行,育成杂交一般分为三个阶段。

(1)杂交创新阶段。根据原拟定的杂交育种方案,进行品种间杂交,以期将分散在不同品种或不同个体的优良性状汇集到后代群体身上——理想型杂交后代和群体。通过不同品种间杂交,是否可获得新的理想型杂交后代群体,关系到培育新品种的遗传素材的优劣,杂交创新阶段的成败是新品种培育是否成功的关键。

(2)自繁定型阶段。通过杂交创新阶段,发现理想型杂交后代时,即不再杂交,转入杂交后代间自群交配繁育,进入优良性状和优秀个体的固定阶段。此阶段的主要目的是固定理想型个体和理想性状。此阶段的主要技术措施是适当近交,使理想个体及理想性状的基因型得以纯合,达到固定优良个体和优良性状的目的。同时淘汰纯合有害基因和有遗传疾患的个体,使群体内有害基因频率不断下降,有益基因频率不断上升,使群体的优良基因不断纯合,优良性状得以固定,群体质量得到提升,此阶段是杂交育种最为关键的阶段。

(3)扩群提高阶段。当畜群内优良个体和优良性状得到固定后,进入扩群提高阶段。此阶段的主要工作是:①大量繁殖理想型个体。②中试、推广。国家对新品种的培育和验收有严格的规定,如要求新品种培育者要对新品种进行中间试验。对新品种的生产性能、适应性、抗逆性等进行验证。③在扩繁和推广实践中选育。将新品种推广到广大农村和将来的饲养区域,进行实地饲养、实地选育,实地测试和实地调试;使新品种更加适应当地气候条件、饲料管理条件等,确保新培育的品种成为高产、优质、老百姓欢迎的品种。

【学习要求】

识记:本品种选育、品系、级进杂交、引入杂交、育成杂交、横交。

理解:改良畜禽种质的意义和方法有哪些?

应用:调查了解当地饲养的畜禽主要品种、品系,了解它们的育种过程。

【知识拓展】

畜禽育种新技术

(一)超数排卵与胚胎移植(multiple ovulation and embryo transfer,MOET)技术

20世纪50年代大量应用的精子冷冻、人工授精技术,最大限度地提高了优秀种公畜的利用率,使动物生产性能在几十年时间里有了极大提高。但在单胎动物中,母畜的繁殖力低成了限制遗传进展进一步提高的主要因素。70年代发展起来的超数排卵与胚胎移植技术打破了这一限制,为进一步提高动物改良速度提供了契机。目前超数排卵与胚胎移植技术日渐成熟,在奶牛业中已进入商业化生产阶段,丹麦、法国、英国、美国和加拿大等国家已建立了奶牛超数排卵与胚胎移植育种核心群。

在牛的育种上,该育种技术最主要的特点就是在一个场站内集中一部分最优秀的母牛,形成一个相对闭锁的核心群,然后借助超数排卵技术以及胚胎移植和胚胎切割等技术进行繁殖,以不断培育出优秀种公牛。目前,胚胎移植技术在美国已成为一项专门的产业,每年对奶牛和肉牛都要进行数千次的移植。与常规育种遗传改良速度相比,超数排卵与胚胎移植技术可提高生长和胴体性状的选择反应达30%~100%。

国外应用超数排卵与胚胎移植技术使优秀母牛资源得到了充分利用。应用该技术生产了大量后裔测定公牛,加拿大已占58%,美国、法国分别占50%。每年世界各国牛胚胎移植可能远超过35万头。其他家畜胚胎移植数量相对较少,全世界绵羊和山羊主要进出口的胚胎数量为牛的5%~10%。我国在应用超数排卵与胚胎移植技术选育高产荷斯坦奶牛的研究和建立中国西门塔尔牛开放育种核心体(ONBS)方面都取得了较大进展。

(二)分子标记辅助选择技术

选择是育种中最重要环节之一。传统育种方法是通过表现型间接对基因型进行选择,这种选择方法存在周期长、效率低等缺点。最有效的选择方法应是直接依据个体基因型进行选择,分子标记的出现为这种直接选择提供了可能。借助遗传标记达到对目标性状基因型选择的方法称为遗传标记辅助选择。

遗传标记是指与目标性状紧密连锁、易于识别、遵循孟德尔遗传模式、具有个体特异性或其分布规律具有种质特征的某一类表型特征或遗传物质。其在遗传学的发展过程中起着举足轻重的作用,同时也是家畜遗传育种过程中的重要工具。目前,遗传标记经历了形态学、细胞学、蛋白及分子标记等几个主要发展阶段,种类和数量在不断增加。

分子遗传标记(molecular genetic markers)是在分子水平上以DNA多态性为标记进行遗传分析,以识别个体基因型差异。与以往的遗传标记相比,分子标记有许多不可替代的优点,如无表型效应、不受环境效应的影响,可以用于早期育种选择,并且有许多分子标记表型为共显性,能提供完整的遗传信息等。在家禽育种中,对羽速、胫长及裸胫性状的表型选择非常成功,且广泛应用于生产,以相应的快慢羽基因、性连锁基因及裸胫基因作为分子标记进行标记辅助选择的技术,在育种和生产中也将逐步得到应用。近些年来,随着畜禽基因组研究计划相继开展,分子标记的研究与应用得到了迅速的发展,为准确地评价畜禽群体遗传结构、遗传多样性、经济性状功能的基因克隆和分子标记遗传辅助选择优良性状提供了新的机遇,具有极其良好的发展前景。

标记辅助选择(marker assistant select,MAS)就是通过对遗传标记的选择,间接实现对某遗传力较低的性状、表型值在早期难以测定或限性遗传的性状的数量性状位点的选择,从而达到对该选择进行选择的目的,可提高选择的有效性及遗传进展,并可通过遗传标记来预测个体基因型值或育种值。

(三)转基因动物

转基因动物是指用试验导入的方法将外源基因在染色体基因内稳定整合并能稳定表达的一类动物。1974年Jaenisch应用显微注射法,在世界上首次成功地获得了SV40DNA转基因小鼠。其后,Costantini将兔β-珠蛋白基因注入小鼠的受精卵,使受精卵发育成小鼠,表达出了兔β-珠蛋白;Palmiter等把大鼠的生长激素基因导入小鼠受精卵内,获得“超级”小鼠;Church获得了首例转基因牛。到目前为止,人们已经成功地获得了转基因鼠、鸡、山羊、猪、绵羊、牛、蛙以及多种转基因鱼。

1996年,新西兰科学家关于转基因绵羊羊毛产量增加的报道吸引了不少同行的目光。Damak等将小鼠超高硫角蛋白启动子与绵羊的IGF-I cDNA融合基因显微注射到绵羊原核期胚胎,移植后生5只羔羊,其中两只(一公一母)为转基因阳性。用转基因羊与43只母羊交配,生出85只羔羊,其中43只(50.6%)为转基因阳性,羔羊在14月龄剪毛时,转基因羊净毛平均产量比其半同胞非转基因羊提高了6.2%,公羔羊产毛量提高的幅度为9.2%,但毛纤维直径、髓质以及周岁体重方面无明显差别。

转基因技术可以用于动物抗病育种,通过克隆特定基因组中的某些编码片段,对之加以一定形式的修饰以后转入畜禽基因组,如果转基因在宿主基因组能得以表达,那么畜禽对该种病毒的感染应具有一定的抵抗能力,或者应能够减轻该种病毒侵染时对机体带来的危害。其用于遗传育种,不仅可以加速改良的进程,使选择的效率提高,改良的机会增多,并且不会受到有性繁殖的限制。例如Berm将抗流感基因Mx转入猪;Clements等将Visna病毒(绵羊髓鞘脱落病毒)的表壳蛋白基因(Eve)转入绵羊,获得的转基因动物抗病力明显提高;丘才良把一种寒带比目鱼抗冻基因(AFP)成功地转移到大西洋鲑中,为提高某些鱼类的抗寒能力做了积极的尝试。

在阐述转基因动物应用的意义时,转基因动物也可能带来负面效应。最主要的危险来自于由外源基因整合、运用载体DNA和转基因表达所带来的副作用。这些副作用包括诱发基因组多个位置上的突变，转基因整合后造成某些染色体基因的失活、致癌基因的激活。例如，在应用反转录病毒作载体时以及转基因的非生理性表达等。尤其值得注意的是，在转基因动物体内的激素超常分泌作用，例如，人类的生长激素基因在鼠中的表达，可引起鼠的生长速度提高，乳腺发育提前，母鼠繁殖力降低甚至不育等副效应。

（四）哺乳动物克隆技术

克隆(clone)是指无性繁殖，是不经两性细胞的结合，直接由正常二倍体细胞繁衍后代的方式，同一种克隆细胞或个体在遗传构成上完全相同，在自然界哺乳动物中存在天然的克隆动物，同卵双胞胎实际就是一种克隆，是两性细胞结合后形成二倍体细胞，在卵裂时由于某种原因而使2个子细胞发生分离，各自独立的发育成2个个体。目前，人工生产克隆动物的方法主要是胚胎分割和细胞核移植。由于胚胎分割技术很难将每一个胚胎细胞准确分离，能够用于克隆的细胞数目有限。而细胞核移植可以产生无限的遗传相同的个体，是克隆动物生产的更有效的方法，故人们往往把细胞核移植称为动物克隆技术。因此，动物克隆技术是指将二倍体细胞的细胞核利用显微外科手术的方法移入去核的卵母细胞中，构建成重组胚，通过体内或体外培养，胚胎移植，产生与供体细胞核基因型完全相同的后代个体，根据供体核的来源不同，可将其分为胚胎细胞克隆和体细胞克隆2种方法。

【知识链接】

1. DB 34473—2004　三元杂交猪生产 杂交繁育技术规程
2. GB 8469—1987　瘦肉型猪杂交组合试验技术规程

Project 7

畜禽杂交与杂种优势利用

学习目标

了解杂交、杂种优势的概念，掌握畜禽杂种优势利用及生产中常用的经济杂交方法。

【学习内容】

任务一 杂交

一、杂交的概念

在遗传学上，一般把两个基因型不同的纯合子之间的交配叫作杂交。在畜牧业生产中，杂交是指不同种群(种、品种、品系)之间的公母畜的交配。不同品种或品系杂交的后代叫杂种，不同属、种之间的杂交叫远缘杂交。由于不同种属间的遗传结构差异较大，所以远缘杂交能产生杂种优势很强的后代。在畜牧生产实践中，可以用来生产强壮有力的役用畜，也可用于培育畜禽新品种。但是远缘个体之间往往存在着不可(或不易)杂交性和杂种不育性，所以远缘杂交在实际中的应用受到很大的限制。

二、杂交的作用

概括地说，杂交有以下几个方面的作用。

1.综合双亲本的性状，育成新品种

杂交使群体基因重新组合，因而综合了双亲的性状，产生新的类型，如高产品系与抗病品系杂交，可育成即高产又抗病的品系。新疆细毛羊、新淮猪、中国荷斯坦奶牛等都是通过杂交选育培养成的。

2.改良家畜的生产方向

我国是具有数千年养殖历史的养殖大国，地方畜禽品种繁多，且大都具有独特的优点(如北京鸭、金华猪、太湖猪、滩羊、白牦牛等)，但也不同程度地存在一定的缺点(如地方猪种脂肪含量高，地方绵羊品种毛纤维粗、产肉少，地方牛品种体格小、产肉少、产奶量低等)，随着经济社会的不断发展，市场需求的不断扩大，养殖方式的不断转变，人们需要更加优质、更加高产、更加迎合市场的畜禽品种。而用不同品种(品系)的畜禽进行杂交，改变现有畜禽品种生产性能，是最高效、最现实的方法。

用瘦肉型品种的种公猪与脂肪型品种的地方品种母猪杂交，可把脂肪型猪改良成瘦肉型猪。同样，用细毛羊品种与粗毛羊品种杂交以生产毛用或毛肉兼用羊，肉牛与役用牛杂交以生产肉牛，奶牛与役用牛杂交以生产奶牛等。

目前，我国的商品蛋鸡、商品肉鸡、商品肉猪、商品肉牛、商品肉羊等生产都在广泛开展经济杂交。

3.产生杂种优势，提高生产力

根据畜牧业生产实践，在猪的杂交利用中，杂交可获得增产10%～20%的效果，杂种猪在生长速度和饲料利用率方面比亲本品种要高5%～10%，杂种猪在产仔数、哺乳率和断奶窝重等方面可分别比亲本纯种高8%～10%、22%和25%。波尔山羊改良羊的初生重比本地羊高30%～40%，在同等饲养管理条件下，6月龄波尔山羊杂种羊体重在17.5～20 kg，日增重一般在 200 g 左右，与本地羊相比分别提高 40%和 38.5%。同时，杂种一代对环境适应性强，生长发育快，有较强的抗病力。

三、杂交的遗传效应

杂交的遗传效应与近交的遗传效应相反。

1. 杂交使基因杂合化，其遗传不稳定

杂交是指不同纯合体之间的交配，F_1代必然全部杂合。对群体来说，提高了杂合体基因型频率，降低了纯合体基因型频率。

不同品种(或品系)的畜禽间杂交，其杂种一代基因型必然杂合，从而产生较大的杂种优势以供人类开发利用。杂种一代的杂种优势虽大，表现型虽好，但不能稳定地遗传给后代。如杂种一代横交，则杂种二代的杂种优势就下降，并逐代下降。所以在畜禽生产中，人们尽可能地开发和获取杂种一代(如杂种一代商品猪、杂种一代商品蛋鸡及肉仔鸡、杂种一代肉牛等)的杂种优势，而不要奢望享用代代优势。

2. 杂交可提高畜群的群体生产水平

数量性状的基因型值可剖分为加性效应值和非加性效应值。加性效应值是基因累加作用引起的，而非加性效应则包括显性效应和互作效应两部分，因此，非加性效应值可大致地看成杂合效应值。随着群体中杂合体基因型频率的升高，群体的平均杂合效应值也升高，群体的平均表现值提高。

不同品种(或品系)畜禽进行杂交，由于基因的非加性效应，从而使杂种一代产生较大的杂种优势。特别是产仔数(含产蛋量)、仔畜存活率、抗病力、生长速度、饲料利用率等均可获得较大的杂种优势效应。使杂交后代的群体平均生产水平有较大提高，经济效益极为明显。

3. 杂交可使群体一致性增强，以生产标准化畜禽产品

杂交可使后代性状的基因型多处于杂合状态，同时却使群体趋于一致。现代化的畜牧业生产，多采用纯系间杂交，得到完全一致的 F_1代，个体在生长发育和生产性能方面的差异小，畜群均匀整齐，因而可使商品畜禽规格一致，这样便于工厂化饲养、标准化管理、畜禽产品的规格化上市。

综上所述，杂交是获得高产畜禽的有效途径，是提高畜禽产品的产量和质量，提高畜牧业生产效率的重要方法，在我国畜禽品种改良中发挥了巨大作用，为新品种培育工作开辟了广阔的前景。

任务二　杂种优势

一、杂种优势的概念

杂种优势指不同种群间杂交所产生的杂种，往往在生活力、生长势和生产性能等方面表现优于其亲本纯繁群体的现象。就性状而言，通常以杂种(正反交 F_1)的平均性能优于两亲本的平均性能表示。

二、杂种优势的表现

凡能进行有性生殖的生物，无论是低等还是高等，都可见到杂种优势现象。杂种优势是生物界的一种普遍现象，但并不是任何两个亲本杂交所产生的杂种或杂种的所有性状都有优势。杂种是否有优势，其表现程度如何，主要取决于杂交用的亲本群体的质量以及杂交组合等是否恰当，也受制于营养水平、饲养制度、环境温度、卫生防疫体系等环境因素，还受制于遗传与环境的互作。如果亲本群体缺少优良基因，或双亲本群体在主要经济性状上基因频率无大差异，或主要性状上两亲本群体所具有的基因非加性效应很小，或者不具备充分发挥杂种优势的饲养管理条件等，这样都不能产生理想的杂种优势。

杂交有时候也会出现不良的效应。由于某些非等位基因间存在负的效应，杂种的基因型值就会低于双亲的平均值，这种现象称为杂种劣势。但总的说来，杂种优势总是多于劣势。大量杂交实践证实：家畜的所有性状不是以同样的程度受杂种优势影响的，生命早期表现的性状及遗传力低的性状，如产仔数、产蛋率、幼畜禽成活率、断奶重等性状，杂交时杂种优势最大；生命中期表现的性状及遗传力中等的性状，如生长速度、饲料利用率，杂交时杂种优势较大；生命晚期表现的性状及遗传力高的性状，如胴体品质，杂交时杂种优势相对较小些。

三、配合力测定与杂种优势的度量

配合力就是种群通过杂交能够获得的杂种优势程度，也即杂交效果的好坏和大小。各种群间的配合力是不一样的，通过杂交试验进行配合力测定，是选择理想杂交组合的必要方法。

1.配合力的种类及概念

配合力有两种：一般配合力和特殊配合力。一般配合力是指一个种群与其他各种群杂交所能获得的平均效果，如果一个品种与其他各品种杂交都能得到较好的效果，如引进品种大约克夏猪与世界上许多品种猪杂交效果都很好，就说明它的一般配合力好。特殊配合力是指两个特定种群之间杂交所能获得的超过一般配合力的杂种优势。这两种配合力可用图 7-1 加以说明。

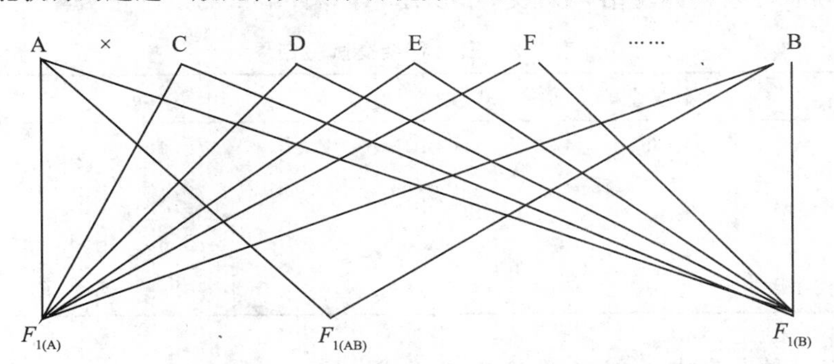

图 7-1 两种配合力概念示意图

$F_{1(A)}$—A 种群与 B、C、D、E、F……各种群杂交产生的一代杂种的平均值；
$F_{1(B)}$—B 种群与 A、C、D、E、F……各种群杂交产生的一代杂种的平均值；
$F_{1(AB)}$—A、B 两种群的一代杂种的平均值。

$F_{1(A)}$为A种群的一般配合力，$F_{1(B)}$为B种群的一般配合力，$F_{1(AB)}-1/2(F_{1(A)}+F_{1(B)})$为A、B两种群的特殊配合力。

2.配合力的测定方法

通常通过杂交试验进行的配合力测定，主要是测定特殊配合力。特殊配合力一般以杂种优势值表示：

$$H=\overline{F}_1-\overline{P}$$

式中：H为杂种优势值；$\overline{F}_1$为杂种一代的平均值(即杂交试验中杂种组的平均值)；$\overline{P}$为亲本种群的平均值(即杂交试验中各亲本种群纯繁组的平均值)。

为了各性状间便于比较，杂种优势常以相对值表示，即化成杂种优势率的形式：

$$杂种优势率：H=\frac{\overline{F}-\overline{P}}{\overline{P}}\times100\%$$

例如：一次杂交试验结果如表7-1所示。计算断乳窝重的杂种优势率。

表7-1 约×金杂交试验结果

组别	窝数	平均每窝产仔数	平均断乳窝重/kg
约克夏猪×金华猪	12	10.00	129.00
约克夏猪×约克夏猪	17	8.20	122.50
金华猪×金华猪	17	10.41	106.75

解

$$H=\frac{129-\frac{1}{2}(122.5+106.75)}{\frac{1}{2}(122.5+106.75)}\times100\%$$

$$=\frac{129-114.63}{114.63}\times100\%=12.5\%$$

多品种或多品系杂交试验时，亲本平均值应按各亲本在杂种中所占的血缘比例进行加权平均。

例如：某三品种杂交试验结果如表7-2所示，计算日增重的杂种优势率。

表7-2 三品种杂交试验结果

组别	数量/头	始重/kg	末重/kg	平均日增/g
A×A	6	5.10	75.45	180.54
B×B	4	9.62	77.15	258.85
C×C	4	5.69	75.85	225.10
C×AB	4	9.81	76.63	278.41

解 在三品种杂交中，亲本C占1/2血缘成分，亲本A、B各占1/4，所以：

$$\overline{P}=\frac{1}{4}(A+B)+\frac{1}{2}C$$

$$=\frac{1}{4}(180.54+258.85)+\frac{1}{2}\times225.10=222.40$$

则日增重的杂种优势率：

$$H=\frac{\overline{F_1}-\overline{P}}{\overline{P}}\times100\%=\frac{278.41-222.40}{222.40}\times100\%=25.18\%$$

四、提高杂种优势的措施

1.杂交亲本种群的选优提纯

“选优”就是通过选择使亲本种群原有的优良、高产基因的频率尽可能增大。“提纯”就是通过选择和近交，使得亲本种群在主要性状上纯合子的基因型频率尽可能增加，个体间的差异尽可能减小。提纯的重要性并不亚于选优，因为亲本种群愈纯，杂交双方基因频率之差才能愈大，配合力测定的误差才能愈小，杂种群体才能愈整齐、规格一致，而这些都是杂种优势利用效果好坏的关键。选优与提纯，并不是两个截然分开的措施，选优就是要增加优良基因的频率，而只有优良基因的纯合子基因型频率提高了，其基因频率才能有较大的增加。所以“优”和“纯”虽然是两个不同的概念，但选优和提纯是相辅相成的，可以同时进行和同时完成的。

2.选定最佳杂交组合

杂交用的亲本种群是否适当，关系到杂种能否得到优良、高产及非加性效应大的基因，进而决定杂交能否取得最佳效果，因此意义非常重大。而就杂交亲本种群而言，需要注意类别及初选。

杂交用的亲本应按照父本和母本分别选择，两者的选择标准不同，要求也不同。

(1)母本的选择：应选择在本地区数量多、适应性强、繁殖力高、母性好、泌乳能力强的品种或品系作母本。因为母本需要的数量大，种畜来源问题很重要，适应性强的容易在本地区基层推广，特别是一些繁殖力低的畜种，如牛、羊等，更需要以当地品种作母本。

(2)父本的选择：应选择生长速度快、饲料利用率高、胴体品质好的品种或品系作父本。具有这些特性的一般都是经过精心培育的品种，如长白猪、大白猪、夏洛来牛、西门塔尔牛、科尼什鸡等，或者精心选育的专门化品系。这些性状的遗传力较高，种公畜的这些优良特性容易遗传给杂种后代。

3.建立专门化品系和杂交繁育体系

所谓专门化品系是指生产性能“专门化”的品系，是按照育种目标进行分化选择育成的，每个品系具有某方面的突出优点，不同的品系配置在完整繁育体系内不同层次的指定位置，承担着专门任务。专门化品系一般分为父系和母系，在培育专门化品系时，母系的主选性状为繁殖性状，辅以生长性状，而父系的主选性状为生长、胴体、肉质性状。利用专门化品系进行杂交，可以获得具有高度杂种优势的杂种，从而大大提高畜禽的生产力。生产实践证明，开展专门化品系杂交，取得了良好的经济效果，极大地促进了畜牧业的发展。如美国5家最大的猪育种公司主要培育配套杂交用的专门化父系和母系，提供给商品猪生产者，这些公司生产了全国商品生产用公猪的15%～20%；英国的4个主要猪育种公司也推出自己的若干“杂优猪”生产模式，各代次种猪主要销往国外。培育专门化品系生产“杂优猪”已成为当今猪育种工作的新趋势。

杂交繁育体系，就是为了开展某个地区的杂种优势利用工作，而建立的一套合理组织机构,包括建立各种性质的畜禽场,确定其规模、经营方向、相互协作等关系,达到统一规划,分工合作,以提高杂种优势利用的效果。

目前实行的杂交繁育体系,有三级杂交繁育体系和四级杂交繁育体系两种。

(1)三级杂交繁育体系 。如果实行两品种杂交,可建立三级杂交繁育体系,即建立原种选育场,纯种扩繁场和商品场三级即可,原种选育场不断选育原有杂交亲本和培育新的杂交亲本。纯种扩繁场,主要进行纯种繁殖,为商品场提供父母代。商品场主要杂交生产杂交商品畜群。可根据本地区确定的杂交组合,用纯种扩繁场提供的父母代种畜进行杂交,利用杂种后代开展商品生产。

(2)四级杂交繁育体系。开展三品种杂交要建立四级杂交繁育体系,即建立原种选育场,纯种扩繁场,杂种母本繁殖场和商品场。纯种扩繁场应建立 3 个,每个繁殖场分别繁殖一个优良亲本品种。杂种母本繁殖场,是专门生产杂交母本的场子,为商品场提供杂种母本。商品场由杂种母本繁殖场提供的杂种母畜作母本,由纯种扩繁场提供第三个品种作父本,进行三品种杂交,并饲养三品种杂种进行商品生产。

任务三　杂交方法

经济杂交的主要目的是最大限度地开发利用和获取杂种优势,创造更多的畜产品和经济效益。如猪的不同经济杂交方式,可获得不同的瘦肉率和效益。本地猪瘦肉率 37%～45%;二元杂交(一洋一土)商品猪瘦肉率 46%～53%;三元杂交(二洋一土)商品猪瘦肉率 56%左右;洋三元杂交商品猪瘦肉率 60%～65%。

我国几乎 100%的商品猪是杂种(二元或三元杂交为主);商品蛋鸡和快大型商品肉鸡几乎 100%是商品杂种(三系或四系配套杂交为主);牛、羊的杂种优势的开发利用近几年也得到了长足发展。生产中常用的杂交方法有以下几种。

(一)二元杂交

又称两品种杂交或单杂交,即两个品种杂交一次,一代杂种无论公母畜全部用作经济利用(图 7-2)。

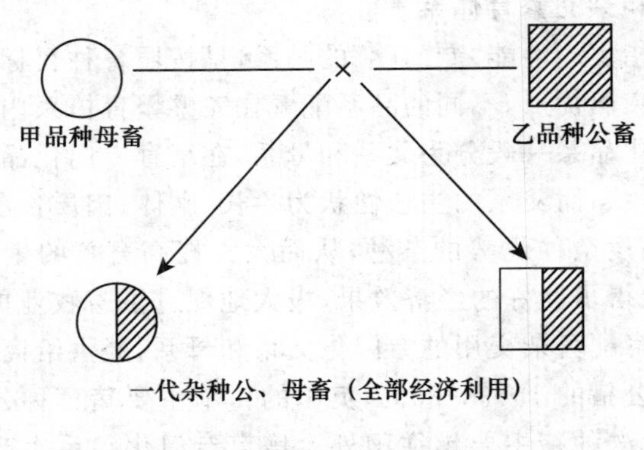

图 7-2　两品种杂交示意图

这种杂交方式最简单，特别是在选择杂交组合方面比较简单，只需做一次配合力测定。但在杂交组织工作上却并不太简单，因为始终需要有纯种家畜来补充。为此，一个从事这种工作的畜禽场，除了进行杂交以外，还要同时做纯繁工作，以补充杂交用的母本。如果父本也由本场繁殖，还需要有一个父本种群的纯繁群，否则就需要经常从外场采购公畜或利用配种站的公畜。母本种群的纯繁，并不一定需要另搞一个群，可以利用杂交用的母畜群进行纯繁，只要配备一些同种群的种公畜就行了。选择杂交效果好的母畜，利用其几个产次进行纯繁，这样可能对提高配合力还有一定好处。

二元杂交方式简单易行，并有良好的实际效果，可在杂交生产的起始阶段广泛使用，如新淮猪育种初期就采用了二元杂交方式。但最大缺点是，不能充分利用繁殖性能方面的杂种优势，因为用以繁殖的母畜都是纯种，而繁殖性能一般遗传力较低，杂种优势比较明显，不利用这方面杂种优势是很可惜的，所以有条件的地方应尽量开展三元杂交。

1. 家畜生产中的二元杂交

家畜二元杂交主要指两个不同品种间的杂交，尤其是牛、羊。就全国而言，还尚未普遍采用专门化品系间的杂交方式，多为品种间的杂交。如我国引进国外海福特、夏洛来等著名肉牛作父本，与我国本地黄牛(如鲁西黄牛)杂交，生产商品肉牛上市。

猪的二元杂交利用比牛、羊早，进入21世纪，猪的二元杂交已不再是猪经济杂交模式中的主要模式了。猪的经济杂交方式已逐步转向三元杂交为主，有的公司正在推广猪的品系间杂交(配套系)来生产杂种优势更大的商品育肥猪。

2. 鸡生产中的二元杂交

二元杂交对养鸡主体产业来说，主要是两个专门化品系间的杂交，尤其是商品蛋鸡业和快大型肉鸡业，多采用配套系生产(且多采用三系或四系杂交)。鸡的两品种间杂交主要用于我国本地草鸡的经济杂交(我国本地草鸡与国外黄羽肉鸡杂交)。近年来我国本地草鸡也开始培育了专门化品系，且多采用简单的两系配套杂交，生产特优型草鸡进入中高端市场。

(二)三元杂交

又称三品种杂交，即先用两个品种杂交，产生的杂种母畜，再用第三个品种公畜杂交，产生的三品种杂种不论公母都作经济利用(图7-3)。

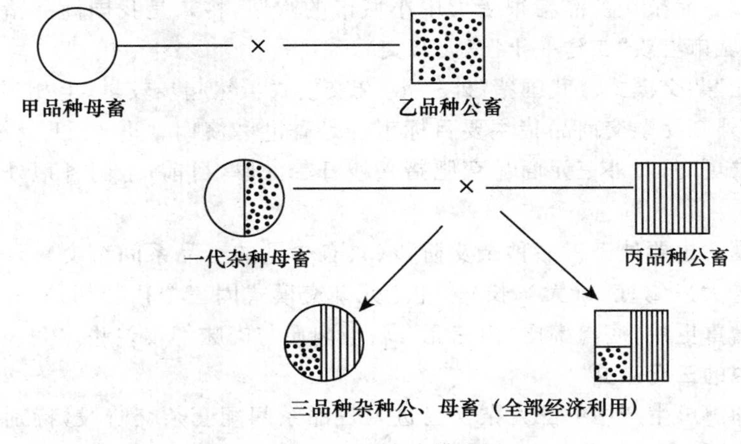

图7-3 三元杂交模式图

这种杂交方式主要用于肥猪生产。世界许多国家都采用杜洛克猪、长白猪和大约克夏猪三元杂交生产商品猪。一般说来，三元杂交的总杂种优势要超过二元杂交，因为杂种母猪产仔多、哺乳能力强，这些优势直接影响仔猪的生长发育，因而仔猪初生窝重和断乳窝重都大，加上第二次杂交使仔猪本身又获得生活力与生长势方面的杂种优势，两者加在一起，总的杂种优势当然要比仅仅仔猪为杂种的单杂交更为显著。而且来自杂种母猪的优势，一般比直接来自杂种仔猪的更大，因为繁殖性能的遗传力比生长势的遗传力低，而前者的杂种优势一般比后者大。

三元杂交在组织工作上，要比二元杂交更为复杂，因为它需要有三个种群的纯种猪源，而且需要两次配合力测定：一次是杂种母猪的两亲本间的以繁殖性能为重点的配合力测定，另一次是第三个种群与杂种母猪间以肥育性能为重点的配合力测定。

1.家畜生产中的三元杂交

进入21世纪，家畜生产中以猪率先进入三元杂交阶段（肉牛业也有三元杂交的趋势）。在猪三元杂交生产中常见有两种类型。

(1)“内三元”杂交模式。1986年后我国“内三元”杂交模式（“两洋一土”）在全国范围内大力推开，大大提高了猪瘦肉率和生猪出栏率。

如两洋一土“三元杂交商品肉猪”：杜♂×（长♂×太♀）♀

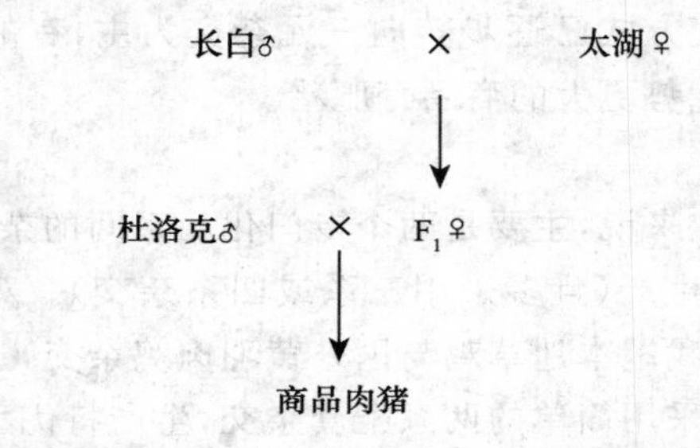

“二洋一土”三元杂交商品肉猪与“一洋一土”二元杂交商品肉猪相比：

瘦肉率从二元杂交46%～53%上升至56%左右（54%～58%）；节省饲料10%；增重速度提高11%；每头猪多产3～4 kg瘦肉。上市出售，每头猪可多卖100元钱左右。

“二洋一土”三元杂交商品猪很受大中小城市的欢迎，将来是我国商品猪杂交繁育体系的主模式（国内城市喜欢“二洋一土”三元杂交）。

(2)“外三元”杂交模式。我国猪“外三元”杂交模式虽然起步较早，但相当长时间没有在全国推开，过去外三元杂交商品猪主要目标市场是香港和澳门。进入21世纪，我国市场消费对瘦肉率要求更高，对外三元商品育肥猪兴趣日趋深厚，目前，全国各地外三元杂交模式已较为普遍。

“外三元”模式主要处于三品种杂交阶段（只有少量的三品系间杂交），且有两种杂交模式：①杜×（长×大）；②杜×（大×长）。外三元杂交模式因三个猪种都是外国瘦肉型猪，所以商品育肥猪增重更快，瘦肉率比“内三元”高；但肉质与肉味都较差些。

2.鸡生产中的三元杂交

我国蛋鸡和肉鸡生产中的三元杂交已进入三品系间配套杂交阶段，特别是肉鸡全世界多实行三系配套，如专门化父系多是白科尼什型；专门化母系有两个，多是白洛克型。

(三)轮回杂交

用两个或两个以上品种轮流杂交,各代杂种母畜,除留一部分再与另一品种杂交外,其余杂种母畜和全部杂种公畜都作经济利用,称为轮回杂交。可分为两品种轮回杂交和三品种轮回杂交(图 7-4、图 7-5)。

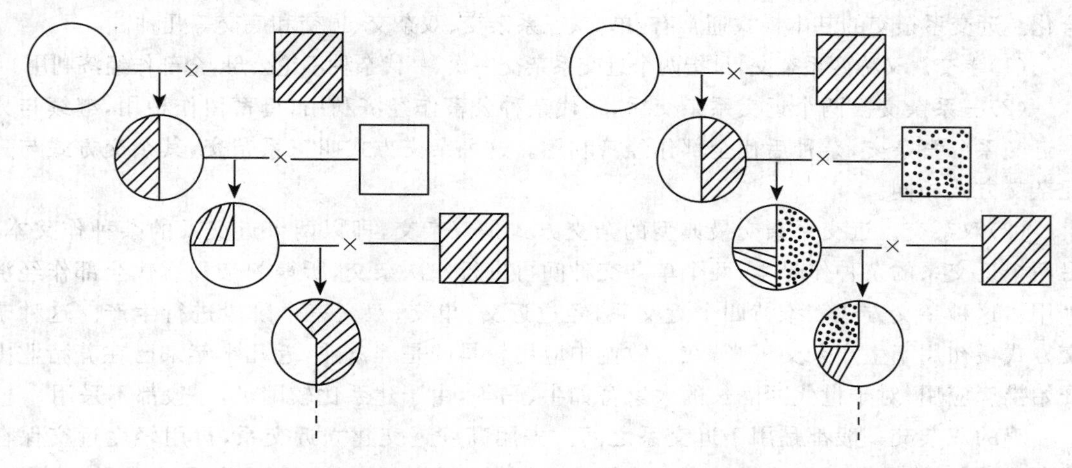

图 7-4　二元轮回杂交模式图　　　　图 7-5　三元轮回杂交模式图

这种杂交方式的优点是:

(1)除第一次杂交外,母畜始终都是杂种,有利于利用繁殖性能的杂种优势。

(2)对于单胎家畜,繁殖用母畜需要较多,杂种母畜也需用于繁殖,采用这种杂交方式最合适。因为简单杂交不利用杂种母畜繁殖,三元杂交也需要经常用纯种杂交以产生新的杂种母畜,对于繁殖力低的家畜,特别是大家畜都不适宜。

(3)这种杂交方式只要每代引入少量纯种公畜,或利用配种站的种公畜,不需要本场自己维持几个纯繁群,在组织工作上方便得多。

(4)由于每代交配双方都有相当大的差异,因此始终能产生一定的杂种优势。只要杂交用的纯种较纯,种群选择合适,这种方式产生的杂种优势不一定比其他方式差。

但是这种杂交方式也存在几个缺点:

(1)每代要变换公畜,即使发现杂交效果好的公畜也不能继续使用。而且每次购入的公畜,使用一个配种期后,或者淘汰,或闲置几年,要等下次再轮到这个品种或品系杂交时才能再使用,这样就造成很大浪费。克服的办法是几个畜牧场联合使用公畜,每个种群的公畜在一个畜牧场使用以后,转移到另一个畜牧场,这样几个畜牧场循环使用,可提高公畜的利用率。

(2)进行配合力测定时,特别是在第一轮回杂交期间,相应的配合力测定必须做到每代杂交之前,但是这时相应的杂种母畜还没有产生。为了进行配合力测定,又必须在一种类型的杂种母畜大量产生以前,先生产少数供测定用的该类型杂种母畜,这就比较麻烦。但完成第一个轮回杂交以后,只要方案不变,以后各轮回杂交就不一定都做配合力测定。

(四)配套系杂交

所谓配套系杂交,就是按照育种目标进行分化选择,培育一些品系,然后进行品系间杂交,杂种后代作为经济利用。配套系杂交生产的杂种后代一般称为杂优畜,以区别于一般品种间杂交的杂种畜；配套系杂交包括两大类，即近交系杂交和专门化品系杂交。

1.近交系杂交

建立近交系的目的是进行杂交生产，利用系间杂种优势，提高家畜生产力和经济效益。近交系是通过近亲繁殖而建立的品系，并在以后世代中保持一定的近交系数，使系内的基因型纯合化。近交系杂交的基本模式通常有：单交、三系杂交、双杂交、顶交和底交等几种。

(1)单交。又称两系杂交，是指两个近交系杂交一次，一代杂种不论公母，全部作经济利用。

(2)三系杂交。两个近交系杂交后，一代杂种公畜作经济利用，母畜留作种用，继续与另一近交系公畜杂交，杂种后代全部作经济利用。这种杂交方式叫三系杂交，其杂交方式与三元杂交方式相同。

(3)双杂交。近交系杂交最典型的杂交方式是双杂交，即以两个近交系的杂种作父本，另两个近交系的杂种作母本，两个单杂交种间再进行一次杂交，所得的杂种后代全部作经济利用。这种杂交方式需维持四个近交系，经过近交、单交、双交三个阶段进行生产。这种杂交方式最初用于生产杂交玉米，在畜牧业中应用较早的是养禽业，近几十年来已在养猪业中开始推广应用，对于世代间隔长的大家畜如牛、马等，由于建系比较困难，一般都不采用。

鸡的双杂交一般都是用于近交系之间。先用高度近交建立近交系，再用轻度近交保存近交系，同时进行各近交系间的配合力测定，选择适宜作父本的和适宜作母本的单杂交鸡，然后再进行各父本与母本间的配合力测定，选择最理想的杂交组合。选定杂交组合后分两级生产杂交鸡，第一级是生产父本和母本的单杂交种鸡，第二级是生产双杂交商品鸡，具体过程如图 7-6 所示。

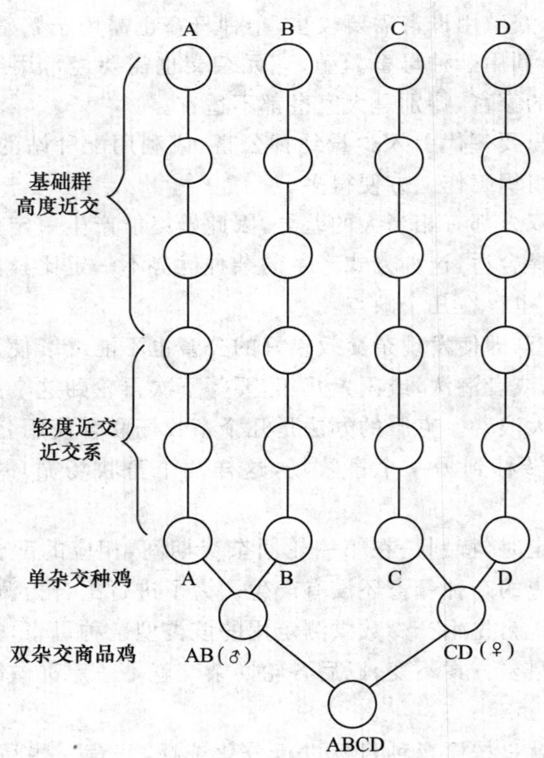

图 7-6　鸡近交系双杂交模式图

2.专门化品系间杂交

培育专门化品系的目的是进行品系间配套杂交,以获得生产性能高而均匀的商品畜,即"杂优畜"。专门化品系通过育种过程培育成功后,还要有一个制种过程才能生产出理想型的商品代畜禽。制种工作的前提是对育成的品系进行配合力测定,即开展品系间众多杂交组合的筛选,以确定最优组合的配套繁育计划。专门化品系配套繁育的基本模式有二系配套、三系配套和四系配套。

(1)二系配套繁育。用于杂交的专门化品系有父本、母本之分,每个专门化品系由两个以上品种杂交育成,因而通常叫作合成系,由于这些品系各自按某些性状的特定方向育成的,相互间无亲缘关系,从而能产生较大的杂种优势。二系配套的基本模式如图7-7所示。二系配套时,祖代是最高的制种层次,饲养核心群进行纯系繁育,需维持两个专门化品系,父母代只饲养单性别畜群(A♂和B♀),不能进行纯系繁育 。

二系配套体系是比较原始的形式,从纯系育种群到商品代的距离短,因而遗传进展传递快。不足之处是不能在父母代利用杂种优势来提高繁殖性能,而且扩繁层次少,故供种量少,从育种公司的经济利润上讲是不利的。因此,大型育种公司基本已不提供两系杂交的配套组合。

(2)三系配套繁育。三系配套时父母代母本是二元杂种,所以其繁殖性能可获得一定杂种优势,再与父系杂交仍可在商品代产生杂种优势,因此从提高商品代生产性能上讲是有利的。在供种数量上,母本经祖代和父母代二级扩繁,所以供种量可大幅度增加,而父系虽然只有一级扩繁,由于公畜需要量本来就少,所以完全可满足需要(图7-8)。如英国"Cotswold"公司生产的"考特索尔"杂优猪。

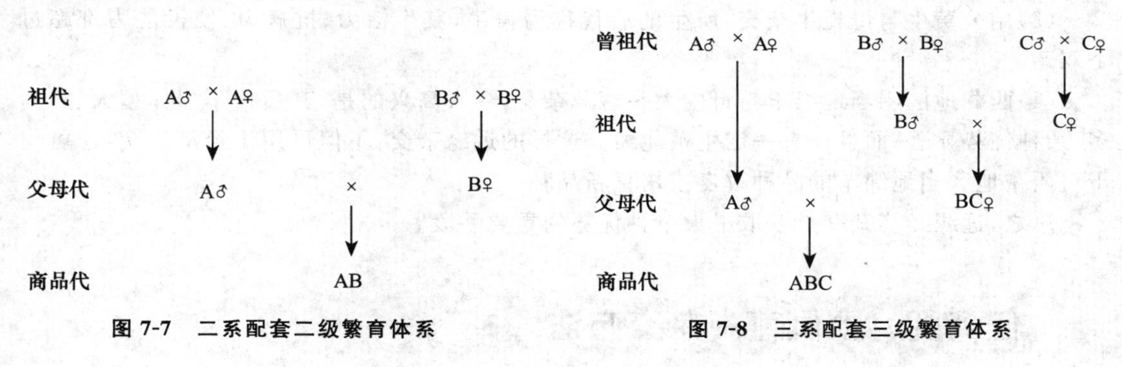

图7-7 二系配套二级繁育体系　　图7-8 三系配套三级繁育体系

(3)四系配套繁育。四系配套繁育体系是仿照玉米自交系双杂交的模式建立的,如图7-9所示。

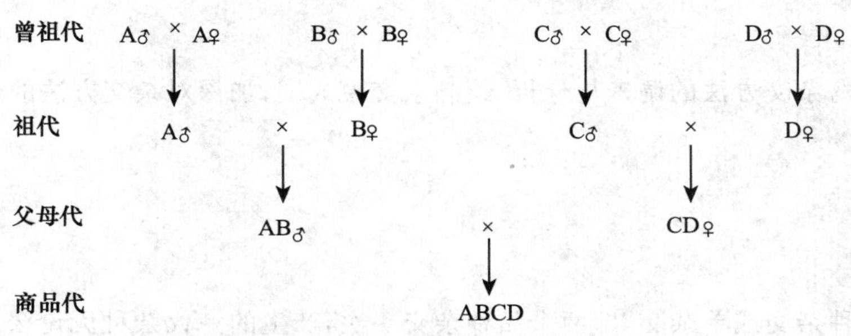

图7-9 四系配套三级繁育体系

从图 7-9 可以看出，四系配套时父系和母系的曾祖代核心群进行纯繁，而祖代、父母代都只饲养单性别畜群，不能进行纯系繁育。

从鸡育种中积累的资料看，四系杂种的生产性能不但没有明显超过三系配套和三系配套的杂种，而且在多数情况下不如后者或基本相近。实际上，有不少育种公司的鸡种是按四系配套宣传和报价，而以二系配套的形式供种的。从养猪业的发展来看，从 20 世纪 80 年代以来，四系配套逐步被三系配套，或“假四真三”配套替代，原因是三系配套相对四系配套而言，减少了一个纯系和一个单交系，简化了制种过程，可节约许多费用，便于推广应用。

(五)远缘杂交

不同属、种间的公母畜交配称为远缘杂交。因不同属、种间的遗传结构差异较大，远缘杂交后代往往不育，所以远缘杂交育种受到一定限制。但远缘杂交的杂种优势比品种间杂交或品系间杂交的杂种优势都大得多，所以远缘杂交如应用于经济杂交会有极为广阔的前景，应受到广泛重视。

现举例如下。

(1)番鸭，原名瘤头鸭，在我国养殖历史悠久，用公番鸭与母家鸭杂交产生的属间杂种鸭，称为半番鸭，或称骡鸭，虽无生育能力，但生长特别快，且瘦肉率高、肉质鲜美、抗病力特强。远缘杂交生产半番鸭已在全国广泛应用，如有的养禽场用公番鸭与北京鸭杂交，生产杂种优势强大的商品鸭，深受广大养殖户的欢迎和市场喜爱。

(2)用公毛驴与母马杂交，其杂种一代称为骡子(马骡)，其生活力、抗病力、使役能力都超过了双亲；用公马与母毛驴杂交，其杂种一代称为驴骡，也有一定的杂种优势。

(3)用公黄牛与母牦牛杂交，所生的后代称为犏牛，其生活力、抗病力、使役能力都超过了双亲。

(4)西藏地区用当地绵羊与野生大头弯羊杂交，令人高兴的是，其后代不但体型大、产肉多，杂种优势显著；而且还有一定生殖能力。这样的远缘杂交，不但可用于经济杂交，还可用于对西藏地区当地绵羊的品种改良或培育新品种。

总之，远缘经济杂交是获取最大杂种优势的重要手段。

任务四　图例畜禽杂交方法

一、目的

通过对畜禽杂交方法的调查与分析，绘制杂交模式图，加深对杂交方法的理解与认识。

二、原理

1. 二元杂交

又称两品种杂交或单杂交，即两个品种杂交一次，产生的一代杂种无论公母畜全部作经济利用。

2.三元杂交

又称三品种杂交，即先用两个品种杂交，产生的杂种母畜，再用第三个品种公畜杂交，产生的三品种杂种全部作经济利用。

3.轮回杂交

用两个或两个以上品种轮流杂交，各代杂种母畜，除留一部分再与另一品种杂交外，其余杂种母畜和全部杂种公畜都作经济利用，称为轮回杂交。可分为两品种轮回杂交和三品种轮回杂交。

4.双杂交

即以两个近交系的杂种作父本，另两个近交系的杂种作母本，两个单杂交种间再进行一次杂交，所得的杂种后代全部作经济利用。

三、仪器设备及材料

在校内实训基地(养猪场、养牛场、养羊场、养鸡场)或学院附近养殖场调查了解生产中常用的杂交方法及有关资料。

四、方法与步骤

绘制杂交模式图。

现以猪的三元杂交模式图为例。

杜大长三元杂交：杜洛克猪♂×(大约克夏猪♂×长白猪♀)♀

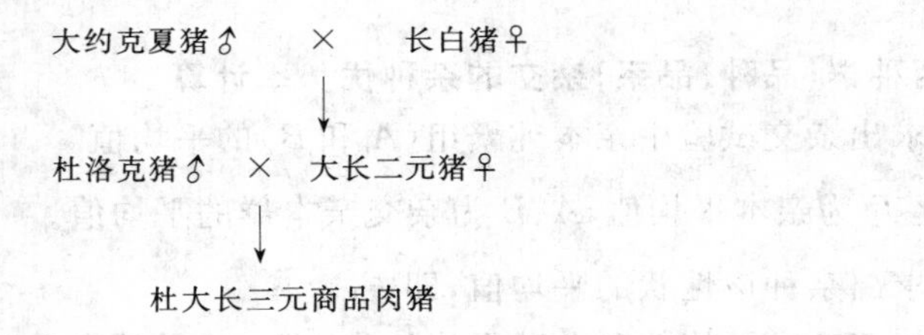

五、作业

(1)图例猪生产中杜长大三元杂交：杜洛克♂×(长白猪♂×大约克夏♀)♀。

(2)图例肉牛生产中夏西土三元杂交：夏洛莱♂×(西门塔尔♂×本地土种♀)♀。

(3)图例艾维茵肉仔鸡双杂交生产模式。

任务五　杂种优势率计算

一、目的

学会根据杂交试验结果计算各项性状杂种优势率的方法。

二、原理

某性状的杂种优势率是指杂种优势占亲本均值的百分率。而杂种优势值是指杂种群体平均值超过双亲本平均值的部分。公式为：

杂种优势值(H) $$H=\overline{F}_1-\overline{P}$$

式中：H 为杂种优势值；$\overline{F}_1$ 为杂种一代的平均值(即杂交试验中杂种组的平均值)；$\overline{P}$ 为亲本种群的平均值(即杂交试验中各亲本种群纯繁组的平均值)。

为了各性状间便于比较，杂种优势常以相对值表示，即化成杂种优势率的形式：

杂种优势率(H) $$H=\frac{\overline{F}_1-\overline{P}}{\overline{P}}\times 100\%$$

三、仪器设备及材料

在校内实训基地(养猪场、养牛场、养羊场、养鸡场)或学院附近养殖场调查二元或三元杂交试验研究资料。

四、方法与步骤

1. 两种群(品种、品系)杂交的杂种优势率计算

(1)求出杂交试验中亲本纯繁组(A 和 B)的平均值。

在此 $\overline{P}$ 为亲本平均值，A、B 为杂交亲本群的平均值。

(2)求出杂种该性状的平均值，即 $\overline{F}_1$。

(3)将双亲本平均值和杂种平均值代入公式，计算杂种优势率。

2. 多个种群(品种、品系)杂交的杂种优势率计算

(1)计算三元杂交亲本平均值，即三个品种(品系)的加权平均值。设 A、B 为第一杂交亲本均值，C 为终端杂交亲本均值。

$$\overline{P}=\frac{1}{4}(A+B)+\frac{1}{2}C$$

(2)代入公式求三元杂交的杂种优势率。

五、作业

(1)设 A 品系与 B 品系杂交试验的结果如下，请计算杂种优势率。

组合	个体表型值
A×B	25 30 31 27 23 24
B×A	29 24 28 23 26
A×A	25 23 24 22 20
B×B	26 22 25 27 24 23

(2)试根据下列表中三品种杂交试验结果,计算平均日增重的杂种优势率。

组合	平均日增重/g
长白猪×长白猪	800
大约克夏×大约克夏	810
杜洛克×杜洛克	850
杜洛克×大长二元	880

【学习要求】

识记:杂交、杂种优势、二元杂交、三元杂交、轮回杂交、双杂交、远缘杂交。

理解:提高杂种优势的措施;杂交繁育体系的意义;畜禽商品生产中杂交的应用及作用。

应用:图解杜小土[杜泊♂×(小尾寒羊♂×当地土种♀)♀]三元杂交。

【知识拓展】

拓展一　杂交亲本的选择

大量经济杂交实践证实:并不是品种间或品系间杂交都能产生杂种优势,涉及杂交亲本的选择等诸多因素。另外,杂交亲本的选择还涉及当地自然条件、社会因素等影响和限制。所以经济杂交的开发和利用首先要解决杂交亲本的选择问题。

一、猪经济杂交亲本的选择

(1)杂交母本的选择。一是分布广,数量大;二是产仔多,母性好(中国猪大多母性特好);三是能适应我国各地自然生态条件。我国各地的优秀地方猪种正好符合这些条件。

(2)杂交父本的选择。一是增重要快,150～160日龄达90 kg;二是饲料利用率要高;三是瘦肉率要高(60%～65%甚至可达70%以上)。一些引入品种如杜洛克、长白、大约克夏、汉普夏、皮特兰等猪种符合条件。

自20世纪80年代以来,工厂化养猪在我国得到了突飞猛进的发展,在全国范围内推广的"四化"(公猪外来良种化,母猪本地化,商品育肥猪杂交一代化,配种人工授精化),为我国养猪业带来了一场大革命。各地建立的杂交繁育体系使我国养猪生产得到了飞速发展,产生了巨大的经济效益。

二、鸡经济杂交亲本的选择

我国的蛋鸡和肉鸡生产多是饲养国外的配套系杂交商品鸡(海兰、伊莎、罗曼、艾维茵等)。这些国外的配套系鸡在我国都设有祖代场和父母代场,专门制种生产杂交商品代蛋鸡和肉仔鸡供给我国广大养殖户,所以不存在杂交亲本的选择问题。

随着人们生活水平的不断提高，对鸡肉的品质及风味提出了更高的要求，快大型肉鸡（如爱拔益加，简称 AA 肉鸡）已不能满足市场的多元化需求，人们重新怀念我们的本地草鸡（土鸡），但我国纯种草鸡已非常少，所以在我国很多地方开始用国外黄羽肉鸡与我国地方草鸡进行杂交，其杂交商品代肉鸡（如三黄鸡等）增重较快，肉质、肉味较好。此外，我国很多地区开展的肉蛋杂交鸡（肉鸡父母代公鸡与蛋鸡商品代母鸡杂交）公雏规模化育肥，或者生态放养（在山林、草坡、果园、沙地等处放养）生产的优质鸡肉，颇受广大消费者欢迎。

三、牛、羊经济杂交亲本的选择

（1）我国牛的经济杂交多是引进国外的肉牛品种（如西门塔尔、夏洛莱、利木辛、皮埃蒙特等）与我国地方土种牛进行品种间杂交，以生产商品肉牛上市。

（2）我国养羊业从传统的家庭副业发展为养羊产业化，从饲养我国地方土种羊（体型小、生长慢），发展为以国外著名肉羊品种（无角陶赛特、特克赛尔、萨福克、波德代、杜泊等绵羊品种及波尔山羊）等为父本，以我国地方土种羊为母本的简单经济杂交，也有利用我国地方良种小尾寒羊与本地土种羊杂交，待杂种后代有多产性后再与国外著名肉羊品种杂交，以生产体型大、生长快、出肉多的杂交商品肉羊，提高养羊业效益。

拓展二　肉蛋杂交鸡生产模式

肉蛋杂交鸡，其繁育方法是利用商品代良种褐壳蛋鸡海赛克斯、伊莎、罗曼、海兰、迪卡等品种做母本，用肉种鸡的父母代公鸡艾维茵、安纳克等做父本，通过人工授精后采集种蛋，然后进行孵化得来的。肉蛋鸡杂交繁育体系是三级杂交繁育体系，一级杂交繁育体系由祖代肉种鸡场和父母代良种蛋鸡场组成；二级杂交繁育体系由良种商品代蛋鸡场（户）组成；三级杂交繁育体系由广大农户、育雏户和肉蛋杂交鸡规模养殖户组成（图 7-10）。

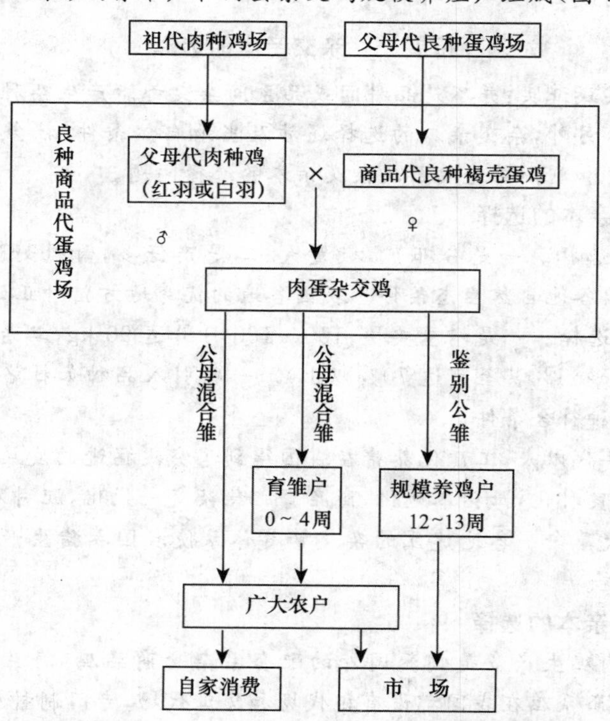

图 7-10　肉蛋鸡杂交繁育体系模式图

拓展三　远缘杂交

一、概念

不同物种间杂交属于远缘杂交。马和驴是不同种的家畜，它们杂交后产生骡。我国早在秦朝就有关于骡的记载。人们把马生的骡叫马骡，古时候叫“贏”；把驴生的骡叫驴骡，古时候叫“駃騠”。

二、远缘杂交的实例

1.猪属

家猪与欧洲野猪或亚洲野猪都能杂交，并产生有繁殖力的后代。这种杂种猪体质结实、耐粗饲能力强，肉质鲜美，肉中蛋白质和不饱和脂肪酸含量高，胆固醇和脂肪含量低，因此是一种有益人类健康的肉类食物。

现代特种野猪生产，从理论上讲，有正交和反交两种，即纯种野猪的公猪×杜洛克猪的母猪(正交)、杜洛克猪的公猪×野猪的母猪(反交)。但在特种野猪的实际生产中，一般选用纯种野猪的公猪与瘦肉率高的母猪杂交，所产的杂种野猪或用于商品猪生产，或继续与纯种野猪的公猪杂交，使杂种后代野猪血统达到75%，以上述方法生产的杂种猪，统称为特种野猪。

2.牛属

黄牛与牦牛杂交产生的后代称为犏牛。犏牛体型大，驮运能力强，适应高原气候。公犏牛没有繁殖能力，母犏牛能正常发情，无论与公黄牛还是与公牦牛交配都能产生后代，母犏牛产下的后代叫阿果牛，其体格小，生活力差，因此，生产中不主张犏牛再繁殖后代。犏牛无论公母牛其生长发育、体尺、体重以及生产性能均比亲代有较大的提高，但犏牛与牦牛的外貌特征、生活习性等基本相似。

黄牛与水牛杂交也有成功的实例。杂种牛外貌似水牛，但也有黄牛的某些特征(角短、尾圆、初生牛犊的毛尖黄红色)。杂种牛具有拉力大、持久性强、耐热、抗病力强、生长快等特点。据报道，杂种母牛有繁殖力。在牛属动物中，远缘杂交成功的例子还有黄牛与美洲野牛，黄牛与爪哇牛，黄牛与瘤牛等。

3.马属

马与驴杂交，杂种不育；马与野驴杂交，杂种不育；斑马与驴杂交，杂种也不育。

4.骆驼属

单峰驼与双峰驼杂交，杂种骆驼公母都可育。

5.绵羊属

绵羊与山羊杂交是不同属间杂交。这类试验有过不少报道，但是受精后常在怀孕初期发生流产。母绵羊与公山羊杂交的杂种叫“绵山羊”，母羊有繁殖力。母山羊与公绵羊杂交的杂种叫“山绵羊”，杂种的繁殖力还不肯定。

6.原鸡属

鸡与火鸡杂交，杂种无繁殖力。

鸡与鹌鹑杂交，杂种无繁殖力，其孵化期为19 d，介于鸡(21 d)和鹌鹑(17 d)之间。

鸡与其他属间杂交成功的还有：鸡与野鸡，鸡与珠鸡，鸡与孔雀等。

7.鸭属

家鸭与番鸭属于不同的属，家鸭与番鸭杂交，杂种叫半番鸭，其中雄性有繁殖力，半番鸭也叫骡鸭，是公番鸭与母家鸭杂交生产出的一种商品型肉鸭，表现出非常强的杂交优势，具有生长速度快、抗病力强、饲料报酬高、瘦肉率高、肉质细嫩等特点。

其他动物如狮与老虎的杂交后代在动物园中可以看到。

三、远缘杂交的意义

远缘杂交可以丰富现有畜禽品种的基因库，为人类育种提供更多途径。一些培育程度高的品种适应性在下降，可以考虑用野生物种远缘杂交，以提高其适应性，例如家猪和野猪的杂交。人工授精和精液保存技术的应用，使过去许多在自然情况下不能杂交的物种有了交配的可能。现代生物技术的成果为远缘杂交开辟了广阔天地，不仅属、种、科间可以杂交，就连目、纲、门、界间也有可能杂交。我们相信，随着胚胎生物育种技术的进一步发展和完善，人类能动地创造畜禽品种的新类型不再是梦想。

【知识链接】

1. DB34T 472—2004　三元杂交猪生产 育肥猪饲养技术规程
2. DB34T 473—2004　三元杂交猪生产 杂交繁殖技术规程
3. DB34T 605—2006　三元杂交猪生产 种公猪饲养及人工授精技术规程
4. DB34T 606—2006　三元杂交猪生产 二元母猪饲养技术规程
5. DB13T 980—2008　瘦肉型种猪性能测定技术规程

参考文献

[1] 丁威.动物遗传育种.北京:中国农业出版社,2010.
[2] 欧阳徐向.动物遗传育种.北京:中国农业出版社,2001.
[3] 耿明杰.畜禽繁殖与改良.北京:中国农业大学出版社,2006.
[4] 李婉涛.动物遗传育种.北京:中国农业大学出版社,2011.
[5] 张阮.家畜育种学.北京:中国农业出版社,2001.
[6] 张阮.家畜育种学.北京:中国农业出版社,2003.
[7] 赵寿元.现代遗传学.北京:高等教育出版社,2001.
[8] 刘震乙.家畜育种学.北京:中国农业出版社,1989.
[9] 焦骅.家畜育种学.北京:中国农业出版社,1995.
[10] 张劳.动物遗传育种学.北京:中国广播电视大学出版社,2003.
[11] 李婉涛,张京和.动物遗传育种.北京:中国农业大学出版社,2011.
[12] 刘榜.家畜育种学.北京:中国农业出版社,2008.
[13] 卢良峰.遗传学.北京:中国农业出版社,2001.
[14] 王金玉.动物遗传育种学.南京:东南大学出版社,2002.
[15] 王金玉,陈国宏.数量遗传与动物育种.南京:东南大学出版社,2004.
[16] 卢龙斗,常重杰.遗传学实验技术.北京:科学出版社,2007.